岩石密码

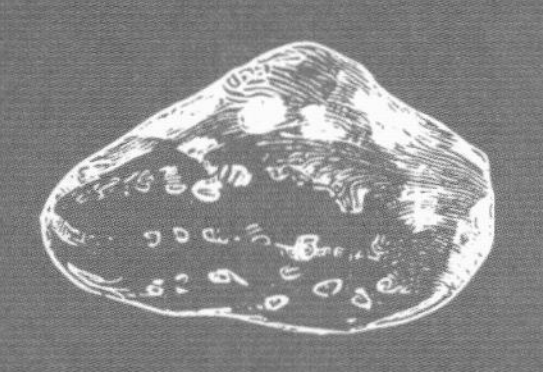

少年科学家通识丛书

《少年科学家通识丛书》
编委会 编

中国大百科全书出版社

图书在版编目（CIP）数据

岩石密码 /《少年科学家通识丛书》编委会编 . —北京：中国大百科全书出版社，2023.7

（少年科学家通识丛书）

ISBN 978-7-5202-1380-6

I. ①岩… II. ①少… III. ①岩石学—少年读物 IV. ①P58-49

中国国家版本馆 CIP 数据核字（2023）第 124861 号

出 版 人：刘祚臣
责任编辑：程忆涵
封面设计：魏 魏
责任印制：邹景峰
出　　版：中国大百科全书出版社
地　　址：北京市西城区阜成门北大街 17 号
网　　址：http://www.ecph.com.cn
电　　话：010-88390718
图文制作：北京杰瑞腾达科技发展有限公司
印　　刷：小森印刷（北京）有限公司
字　　数：100 千字
印　　张：8
开　　本：710 毫米 ×1000 毫米　1/16
版　　次：2023 年 7 月第 1 版
印　　次：2023 年 7 月第 1 次印刷
书　　号：978-7-5202-1380-6
定　　价：28.00 元

我们为什么要学科学

世界日新月异，科学从未停下发展的脚步。智能手机、新能源汽车、人工智能机器人……新事物层出不穷。科学既是探索未知世界的一个窗口，又是一种理性的思维方式。

为什么要学习科学？它能为青少年的成长带来哪些好处呢？

首先，学习科学可以让青少年获得认知世界的能力。其次，学习科学可以让青少年掌握解决问题的方法。第三，学习科学可以提升青少年的辩证思维能力。第四，学习科学可以让青少年保持好奇心。

中华民族处在伟大复兴的关键时期，恰逢世界处于百年未有之大变局。少年强则国强。加强青少年科学教育，是对未来最好的投资。《少年科学家通识丛书》是一套基于《中国大百科全书》编写的原创青少年科学教育读物。丛书内容涵盖科技史、天文、地理、生物等领域，与学习、生活密切相关，将科学方法、科学思想和科学精神融会于基础科学知识之中，旨在为青少年打开科学之窗，帮助青少年拓展眼界、开阔思维，提升他们的科学素养和探索精神。

《少年科学家通识丛书》编委会

2023 年 6 月

目录

第一章 概述

岩石学

研究岩石的成分、结构构造、产状、分布、成因、演化历史和它与成矿作用关系等的学科。地质学的分支。陨石、月岩等宇宙来源的岩石，也是岩石学的研究对象。岩石学常被分为岩理学和岩类学。岩理学主要研究岩石的成因，早期多指与火成岩有关的成因研究；岩类学主要是鉴定岩石的成分和结构构造，进行岩石特征的描述和分类，又称描述岩石学或岩相学。

简 史

岩石学的历史可分为下列时期：

萌芽时期是在古代，岩石和矿物统称为“石”。最早有关矿物岩石性状的记载是中国的《山海经》和古希腊泰奥弗拉斯托斯的《石头论》。古希腊哲学家泰勒斯的“一切都来自水，又复归于水”论断，可以看作关于沉积岩思想的萌芽。

孕育时期是18世纪后半叶至19世纪初，德国地质学家A.G.维尔纳为首的弗赖堡学派倡导水成说，认为所有岩石都是混沌水的沉淀物。英国自然科学家J.赫顿于1788年提出了火成说，认为在地热的影响下形成的熔融物可经火山活动形成火山岩，或在深部结晶形成花岗质岩石。两派各以自己的观点排除对方，把所有的岩石基本看成是同一成因。1830年英国自然科学家C.莱伊尔提出岩石的成因分类，分为水成岩类、火山岩类、深成岩类和变质岩类。深成岩类包括花岗岩和片麻岩类。从“水火之争”到莱伊尔以多种成因观点代替单一成因观点的岩石分类，是岩石学孕育阶段的主要标志。

形成时期开始于19世纪中期至20世纪50年代。这一阶段，野外地质调查和区域性地质制图有了较大的发展，使得历史对比法在岩石学的各个领域得到了广泛的应用，厘定了各类岩石组合与其形成的地质环境的联系，加深了对岩石成因的了解。现代的显微岩石学，是从英国地质学家 H.C. 索比把偏光显微镜运用于砂岩、石灰岩和黏板岩的观察而开始的。德国的 F. 齐克尔在 1866 年《描述岩石学教科书》中，对岩石的许多亚类做了详细阐述。齐克尔 1873 年出版的《矿物和岩石在显微镜下特征》和 K.H.F. 罗森布施的《岩相学主要矿物在显微镜下结构》，奠定了显微岩石学的基础。19 世纪末至 20 世纪早期，是岩石化学的形成时期。美国的 F.W. 克拉克和德国的 A. 奥桑是这方面的创始人。C.W. 克罗斯与美国的 H.S. 华盛顿等人合作研究从地表至 10 英里深处物质平均成分，发表了《火成岩平均成分》(1922)、《地壳成分》(1924)等重要著作，创造了 CIPW（四氏）岩石化学计算法。挪威岩石学家 J.H.L. 福格特用矿渣作材料进行高温熔融实验，说明硅酸盐中的共熔关系，确定矿物的结晶顺序，并把它运用于天然岩石。美国岩石学家 N.L. 鲍温在 1928 年发表《火成岩的演化》，提出了钙碱性岩浆中矿物析出的反应系列及其原理，习称“鲍温反应原理”，奠定了岩浆分异作用理论基础。在变质岩岩石学方面，挪威地球化学家 V.M. 戈尔德施密特和芬兰岩石学家 P.E. 埃斯克拉将物理化学中的相律运用于岩石学，创立了变质相的概念。

发展时期是在第二次世界大战结束以后，特别是 20 世纪 50 年代以来，通过国际性多学科地学研究活动的开展，板块构造学说兴起并不断发展，作为地质学科分支的岩石学进入了新的发展时期。X 射线及电子显微技术的发展，使岩石、矿物内部结构研究进入微区领域；微量分析技术如光谱，X 射线荧光分析等的发展使稀土和微量元素定量成为可能，为某些成岩作用过程的研究提供了定量依据；质谱分析可以测定岩石和矿物中同位素组成，不仅提供了有关成岩作用的时间信息，对示踪岩浆演化、岩浆起源、岩石变质等原岩及其形成过程也都提供了重要信息；高温高压实验能测定的压力达到 108 帕，约合深度 600 千米以下，可以模拟上地幔某些岩石的形成。新技术、新方法的应用为地壳早期岩石、洋底和深部地幔岩石的研究，积累了大量资料，推动了现代岩石学理论的完善。过去的一元或二元原始岩浆论已转变为受大地构造环境控制而形成的多元岩浆的观点，洋中脊、裂谷带、活动大陆边缘和陆内环境都有不同的岩浆组合。关于岩浆演化除了岩浆分异作用、岩浆同化作用之外，岩浆混合的观点，也日益受到重视。板块构造理论对沉积岩岩石学也有显著影响，现代沉积岩石学理论认为大型沉积盆地和它们的沉积中心与板块运动有关，板块的相互作用和板块构造环境是沉积盆地演化和各种沉积相形成分布的关键。用现代沉积作用和水动力环境的实验模拟资料来解决古沉积环境问题是沉积岩石学研究的生长点。变质相和变质相系的研究初步奠定了变质作用和大地构造的联系，而地幔与地壳的相互作用所产生的热流是区域变质的根本原因。20 世纪 80 年代以来变质作用的温度－压力－时间轨迹的研究揭示了变质作用历史与地壳构造演化之间的关系。

岩石

矿物的天然集合体。俗称石头。主要由一种或几种造岩矿物按一定方式结合而成，部分岩石是由火山玻璃或生物遗骸构成。岩石是构成地壳和地幔的主要物质，是在地球发展的一定阶段、经各种地质作用形成的固态产物。陨石和月岩虽来自天体，但是天体地质作用的产物，也属于岩石范畴。

在人类进化和文明中，岩石具有重要意义。当人能够用手把第一块石头做成石刀的时候，终于完成了从猿到人转变的决定性的一步。从人类进入第一个文明时期——石器时代起，岩石一直是人类生活和生产的重要材料和工具。

岩石按其形成过程，分为火成岩（又称岩浆岩）、沉积岩和变质岩三大类。三大类岩石的分布情况各不相同。沉积岩主要分布在大陆地表，约占陆壳面积的75%。距地表越深，则火成岩和变质岩越多。地壳深部和上地幔，主要由火成岩和变质岩构成。火成岩占整个地壳体积的64.7%，变质岩占27.4%，沉积岩占7.9%。其中玄武岩和辉长岩又占全部火成岩的65.7%，花岗岩和其他浅色岩约占34%。

岩石作为天然物体具有特定的密度、孔隙度、抗压强度和抗拉强度等物理性质，它们是建筑、钻探、掘进等工程需要考虑的因素。此外，岩石受应力发生变形。岩石所受应力超过其弹性限度后，则发生塑性变形。自然界的糜棱岩主要就是塑性变形产物。一些工程中岩石长期荷载，也会造成蠕变和塑性流动。温度和围压（上覆岩石的负荷）增高，有利于塑性变形的发生。如果应力继续增加，则岩石发生破裂。

组成岩石的矿物主要是硅酸盐矿物（如长石、云母、角闪石、辉石、橄榄石）和石英；其次是各种氧化物矿物（如磁铁矿、钛铁矿、金红石）、碳酸盐矿物（如方解石、白云石）、磷酸盐矿物（如磷灰石）；有时含某些硫化物、硫酸盐或含稀有、稀土、放射性或贵金属元素的矿物，或者具特种性质的矿物（如金刚石）。具经济价值或贵金属元素的矿物，在岩石中局部富集，达到可供开采和利用的质量和规模时即为矿产。各种金属和非金属矿产以及能源资源，绝大多数赋存在各类岩石中，并与岩石的成因有联系。所以，岩石是各类矿产的载体和巨大能库。

第二章 火成岩岩石学

火成岩

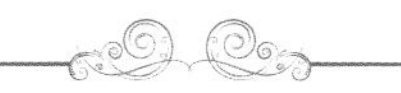

由熔融岩浆直接冷却固结形成的各种结晶质或玻璃质岩石。又称岩浆岩。是从地壳深处或上地幔产生的高温熔融岩浆，受到地质构造作用的影响，在地下一定深处或喷出地表后冷却形成的。它是三大岩石类型之一（另两类是沉积岩和变质岩）。有人认为火成岩与岩浆岩是同义语，但实际上它们不完全相同。因为火成岩一词包括一些由非岩浆作用形成的外貌和成分与岩浆岩基本相同的岩石。这种岩石往往由深变质作用形成，特别是花岗岩类常见。

化学成分

几乎包括了地壳中所有的化学元素，按其含量、地球化学行为和在火成岩中的意义，可分为主要造岩元素、微量元素、稀土元素和同位素等种类。火成岩中主要的元素有12种，即氧、硅、铝、钛、铁、锰、镁、钙、钠、钾、氢和磷。这些元素占火成岩的总重量达99%以上，属主要造岩元素。其中前10种元素含量最多，占火成岩总重量的99.25%，并以氧的含量最高，约占总重量的47%。火成岩的成分一般以元素的氧化物表示，SiO_2、Al_2O_3、TiO_2、FeO、Fe_2O_3、MgO、CaO、Na_2O、K_2O、P_2O_5等含量占火成岩的平均化学成分达99.5%（重量百分比），并在各类火成岩中均有出现。各种主要氧化物含量有一定变化范围，如SiO_2多为34%～75%，少数可达80%，Al_2O_3为0～20%，MgO为2%～35%，有些可达35%以上，CaO为0～15%，少数可达23%，FeO+Fe_2O_3为0～15%，FeO一般高于Fe_2O_3，Na_2O为0～10%，少数可接近20%，K_2O为0～10%，某些火成岩中可达18%，且往往是$Na_2O > K_2O$。TiO_2一般小于5%，MnO小于2%，多数为0～0.3%，P_2O_5小于3%，一般为0～0.5%。SiO_2是火成岩中一种很重要的氧化物，其含量多少反映火成岩的酸度、基性程度和SiO_2的饱和度，SiO_2含量还是火成岩分类的重要依据。

矿物成分

是火成岩分类的重要依据，组成火成岩的矿物称为造岩矿物，自然界中造岩矿物有千百种，但常见的主要造岩矿物仅有20多种，如石英、长石（正长石、微斜长石、钠长石、更长石、中长石、拉长石）、黑云母、角闪石、辉石、橄榄石、霞石、白榴石、磁铁矿、钛铁矿、磷灰石、锆石、榍石等。其中以长石类最多。根据这些矿物的成分，又可分为硅铝矿物（又称浅色矿物）和铁镁矿物（又称暗色矿物）。浅色矿物包括石英、长石类、似长石类，其成分以硅铝为主，不含或含很少的铁镁成分，故矿物颜色都很浅。暗色矿物包括橄榄石类、辉石类、角闪石类、黑云母类，其成分含铁镁较高，故其颜色一般较深。暗色矿物在火成岩中体积含量的百分数，称为火成岩的色率，又称颜色指数。一般火成岩的标准色率是：超基性岩为90，基性岩为50，中性岩为30，酸性岩为10，在此数值基础上可有10左右的变化范围。

按造岩矿物在火成岩中的含量和对火成岩分类命名所起的作用，又把造岩矿物分为主要矿物、次要矿物、副矿物三类。主要矿物在火成岩中含量最多，是确定岩石大类名称的主要依据，含量常大于15%。如花岗岩类中石英和长石是主要矿物。次要矿物是岩石中含量少于主要矿物的矿物，一般含量约5%～15%，对决定岩石的大类名称没有影响，而

对火成岩进一步划分种属则是主要依据。黑云母或角闪石，常是花岗岩中的次要矿物。副矿物在岩石中含量小于1%～2%，在岩石的分类命名中一般不起作用，但其含量或在研究某些问题方面有一定意义时也可影响岩石的命名，如锆石型花岗岩，电气石花岗岩等。常见的副矿物有磁铁矿、钛铁矿、磷灰石、锆石、榍石等。

火成岩的矿物按其成因又可分为三种类型，即原生矿物、他生矿物、次生矿物。原生矿物是由岩浆冷却过程中直接结晶的矿物。他生矿物是岩浆同化了围岩或捕虏体而形成的矿物，如花岗质岩浆同化了泥质围岩，可形成一些富铝的他生矿物，如堇青石、红柱石、夕线石等。次生矿物是火成岩受地表风化而形成的新矿物，又称表生矿物。

火成岩的结构

组成火成岩的矿物的结晶程度、颗粒大小、自形程度和矿物之间的互相关系。根据岩石中结晶质与非结晶质（玻璃）的比例，可把结构分为三种类型：①全晶质结构，岩石由全部结晶的矿物组成。表明岩浆是在温度缓慢下降的条件下结晶的，多见于深成火成岩中。②半晶质结构，岩石由部分结晶矿物和部分未结晶的玻璃质组成，表明岩浆降温较快，多见于浅成岩和部分喷出岩中。③玻璃质结构，岩石全部或几乎全部由非结晶的玻璃质组成，是在岩浆快速降温下固结而

成，主要见于喷出岩、超浅成侵入岩或侵入岩体的边部。

根据组成火成岩主要矿物的粒径大小和肉眼下可辨认的程度先分为两类结构：①显晶质结构，是肉眼观察时可辨别矿物的颗粒者。按主要矿物粒径的绝对大小又可分为巨粒（伟晶）结构（粒径大于10毫米），粗粒结构（粒径大于5毫米），中粒结构（粒径5～2毫米），细粒结构（粒径2～0.2毫米），微粒结构（粒径小于0.2毫米）。②隐晶质结构，是指矿物颗粒很细，肉眼无法分辨出矿物颗粒者。岩石外貌致密，常有弧面断口，是浅成岩常见的结构。

按照矿物颗粒的相对大小，又可分为等粒结构、不等粒结构、斑状结构和似斑状结构。等粒结构指火成岩中同种主要矿物的粒径大小基本相等。不等粒结构是指岩石中同种主要矿物粒径大小不相等。斑状结构是指岩石中矿物粒径分属大小不同的两群，中间基本没有过渡的粒径，粒径大的矿物称为斑晶，小的矿物（隐晶质）或不结晶的玻璃质称为基质。似斑状结构是指斑状结构中的基质是显晶质，矿物粒径较粗，肉眼容易看清楚矿物颗粒，有的可达到中–粗粒程度。似斑状结构多在浅成岩和部分深成岩中见到。

依据矿物的自形程度可分为：①全自形粒状结构。指组成岩石的矿物各个晶面发育完善。这种结构在火成岩少见。②半自形粒状结构。指组成岩石的矿物部分晶面发育完善，部分发育不完善，这种结构在火成岩中最常见。③全他形粒

状结构。指组成岩石的矿物基本无完整的晶面发育，形成不规则外形的矿物颗粒，这种结构在火成岩中也不多见。

根据组成岩石的矿物之间的互相关系，又可分出不同结构，常见的有文象结构、条纹结构、蠕虫结构、反应边结构、包含结构。文象结构是具有一定规则形态特征的石英有规律地交生在钾长石中，这些石英成嵌晶状，在正交偏光下同时消光。肉眼能看清楚的称文象结构，只能在显微镜下才能看清楚的，称为显微文象结构。条纹结构是钠长石成条纹状与钾长石交生所形成。形似蠕虫状的石英颗粒生长在酸性斜长石中则形成蠕虫结构。反应边结构是先结晶的矿物与熔浆发生反应，在先结晶的矿物周边形成一圈成分不同的新矿物。如橄榄石周边常有斜方辉石、角闪石反应边矿物的形成。较大的矿物晶体中包含了一些其他矿物小的晶体称为包含结构，又称嵌晶结构。有些浅成侵入岩，脉岩还有辉绿结构、煌斑结构、细晶结构。上述的各种结构，多是火成侵入岩中常见的。

火成岩的构造

组成火成岩不同矿物集合体之间或矿物集合体与岩石其他组成部分之间的排列方式或充填空间的方式所构成的岩石特点。常见的构造有以下几种：①块状构造，一种均匀构造，组成岩石的矿物在岩石中均匀无序地分布，是火成岩中最常

见的构造。②条带状构造，一种不均匀构造，指岩石中不同成分、颜色、结构形成有规律的条带状分布，常见于层状辉长岩中。③斑杂构造，一种不均匀构造，岩石的不同部位，在颜色、矿物成分或结构构造上有明显的差别，整个岩石外貌具复杂的斑块状。④球状构造，由矿物围绕某个中心结晶成球体或椭球体状，其中有些矿物可呈放射状排列。⑤晶洞构造，在侵入岩中发育出一些原生的近圆状或椭圆状的孔洞。若在晶洞壁上生长一些自形程度好的矿物，可称晶簇构造或晶腺构造。⑥流面流线构造，岩石中片状、板状矿物和扁平状析离体、捕虏体平行定向排列形成流面构造，而一些针状、长柱状、纤维状矿物定向平行排列形成流线构造。⑦气孔构造，岩浆中含有较多的气体，岩浆冷却后气体逸去留下的空洞。常见于喷出岩中。⑧杏仁构造，岩石中气孔被后来的物质如硅质、方解石、绿泥石等充填形成似杏仁状的物体。⑨枕状构造，岩浆从海底喷发或是陆上喷发的岩浆流入水体中而形成的一种熔岩枕状体，外形多为椭球状、面包状。枕体外表有冷凝边、内部有同心圆状或放射状的气孔分布，中心有时形成空腔。多见于基性海相火山岩中。⑩流纹构造，不同岩浆成分、不同颜色、不同结构构造形成较细、较规则、延续性好的一些条纹在岩石上定向平行排列的现象，常见于流纹岩中。⑪ 珍珠构造，酸性火山玻璃在快速冷却或水化过程产生张应力而产生弧形或同心圆状的裂纹，形成许多小豆

状的玻璃质球状裂开。⑫柱状节理构造，在较厚层的熔岩中形成一些垂直于层面生长的规则柱体，柱体形状多为三角形、五角形、六边形，也有四边形、七边形的。其成因一般认为是由于岩浆均匀缓慢冷却收缩形成的。

火成岩产状

反映火成岩在自然条件下产出的状态。其内容包括火成岩产出的形态、岩体大小、与围岩的接触关系。火成岩产状包括侵入体的产状和火山岩（又称喷出岩）的产状。侵入体产状常见的有岩床、岩盆、岩盖、岩脉、岩株、岩基等。火

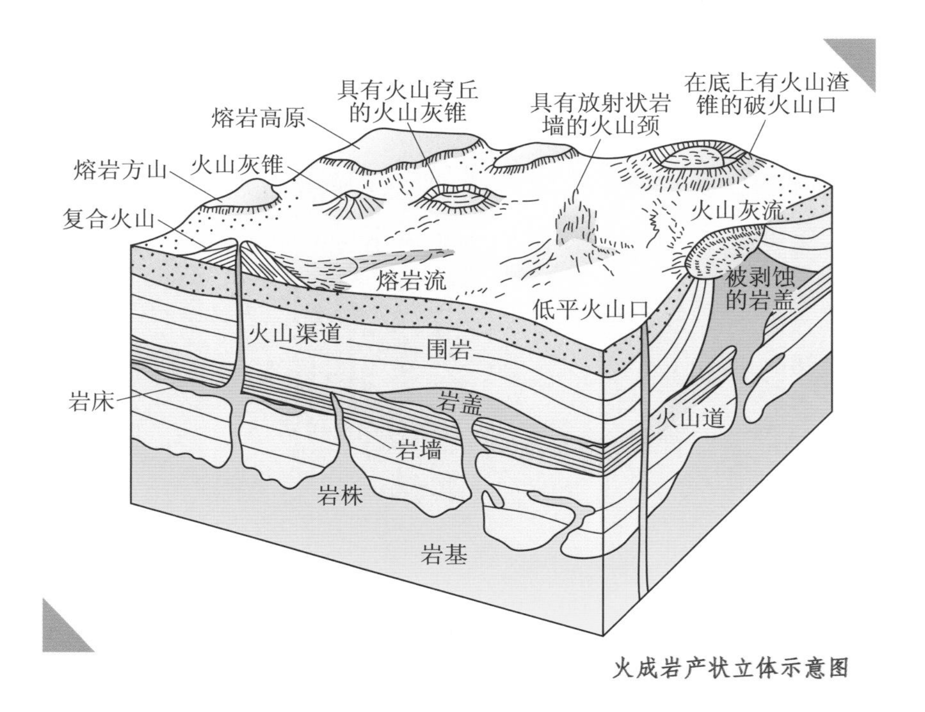

火成岩产状立体示意图

山岩产状与喷发类型有密切关系，常见的火山岩产状有火山锥、熔岩流、熔岩被、岩钟、岩针等。

火成岩岩相

在不同条件和环境下形成的火成岩体岩石总的特征。主要包括形成时的温度压力、矿物组合、结构构造等特征。可分为侵入岩相和火山岩相。侵入岩相常划分为深成相和浅成相。深成相多形成在 3 千米以下，浅成相主要形成在 0 ～ 3 千米的深度。火山岩相主要的有溢流相、爆发相、侵出相、火山颈相、潜火山相、火山沉积相。

火成岩分类

自然界火成岩种类很多，已认识的有 1000 多种，为了研究和应用，需对火成岩有一个合理和科学的系统分类。已有的分类方法有多种，常用的分类主要考虑火成岩的化学成分、矿物成分、结构构造和产状特征。最常用的是三种分类方法：①根据 SiO_2 的含量，把火成岩分为四大类，即超基性岩类（SiO_2 小于 45%），基性岩类（SiO_2 45% ～ 53%），中性岩类（SiO_2 53% ～ 66%），酸性岩类（SiO_2 大于 66%）。每一大类又根据 K_2O+Na_2O 的总含量划分为钙碱性岩类（钙碱性岩系列），碱性岩类（碱性岩系列），过碱性岩类（过碱性岩系列，酸性岩无此系列）。②根据火成岩的主要矿物成分及含量，普

遍使用的矿物分类法是1972年国际地科联火成岩分类会上推荐的矿物定量分类命名法。主要考虑了斜长石、碱性长石、石英、似长石和铁镁矿物及其含量。③根据火成岩的产状和结构构造，又可分为侵入岩和喷出岩类，侵入岩类根据其形成的深度又分为深成侵入岩（形成于3千米以下）和浅成侵入岩（形成于0～3千米）。喷出岩类包括火山熔岩类和火山碎屑岩类。

火成岩与矿产

许多金属和非金属矿产，稀有、稀土、放射性等矿产大多蕴藏在火成岩中，或与火成岩在成因和时空上有密切的关系。超基性岩类多与铬、铂矿床有关，基性岩类多与钒钛磁铁矿、铜镍矿床有关，中酸性岩类多与夕卡岩型的铜、铁矿关系密切。与花岗岩有关的多金属矿有钨、铍、铌、钽、锂、铀、铜、金、钼、铅、锌等，碱性岩类中常有丰富的稀有和稀土元素矿床。花岗岩等各种火成岩常常是高级的装饰石材和建材，酸性火山岩可做良好的保温、隔音原材料。玄武岩的气孔中常形成有价值的冰洲石和玛瑙。玄武岩和辉绿岩还是铸石和生产岩棉的主要原料，也是生产水泥的配料。

岩浆

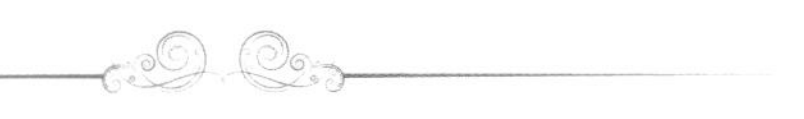

地球内部上地幔和地壳深处自然形成的炽热熔体，具有一定黏度，成分复杂，是形成多数火成岩和内生矿床的母体。通过对近代火山喷发活动和对古代火山喷发物的研究，以及成岩实验，对岩浆的物质成分和物理性质有了较多的了解。

成　分

岩浆的成分比较复杂，但主要为硅酸盐和部分挥发物。此外，还有少量以碳酸盐、金属氧化物、金属硫化物为成分的岩浆，有人将这种岩浆称为矿浆。硅酸盐成分中主要为氧元素，其次是硅元素和其他多种元素，可以说在地球中存在的各种元素，在硅酸盐岩浆中均可找到。但各种元素的含量相差很大，其中氧、硅、铝、钛、铁、锰、镁、钙、钠、钾、氢、磷等12种元素含量最多，占总量达99％以上，称为主

要造岩元素。这些元素各以不同的形式和硅氧四面体组成多种状态的络阴离子团，这些离子团的凝聚状态变化影响着岩浆活动的特点。岩浆中含挥发分的数量一般小于 6%，主要为 H_2O，含量可达挥发分总量的 60% ～ 90%，常以蒸汽状态存在；其次还有 CO_2、CO、SO_2、Cl、H_2S、N_2、F 等。挥发分的含量直接影响岩浆活动的状态。地下深处由于压力大，挥发分溶解在岩浆中，而一旦岩浆喷出地表，压力迅速降低，挥发分从岩浆中释放，形成火山喷气或岩浆岩的气孔。岩浆中的挥发分还可降低岩浆中矿物的熔点，减小岩浆的黏度，增大岩浆的流动性，常常促使某些有用元素富集成矿。

物理性质

岩浆的物理性质主要取决于形成的温度和黏度。

①温度。岩浆的温度可直接从现代火山喷出到地表的岩浆测定，或通过间接的方法计算出温度的近似值。岩浆的温度一般在 700 ～ 1300℃之间，不同成分的岩浆其温度也有差别。玄武质岩浆的温度为 1000 ～ 1300℃，安山质岩浆为 900 ～ 1000℃，流纹质岩浆为 700 ～ 900℃。同种成分的岩浆，含挥发分的多少其温度也有明显差别。如流纹质岩浆，不含挥发分（主要为水）时其熔点可高达 1000℃左右，而含水达 9%时，岩浆的温度即可降至 600 ～ 700℃。

②黏度。岩浆的黏度影响着岩浆的运移和喷发的特点，

岩浆的黏度与岩浆所含的氧化物、挥发分及岩浆的温度、压力有密切关系。岩浆中 SiO_2 、Al_2O_3 和 Cr_2O_3 的存在，可使岩浆的黏度加大，尤以 SiO_2 的含量多少影响最显著，其次是 Al_2O_3 的含量。一般 SiO_2 和 Al_2O_3 的含量愈高，岩浆的黏度愈大；而 Fe、Mg、Ca、Ti、Sr、Ba、Li 的含量越高，则岩浆黏度越小。岩浆黏度大，其流动性差，常常形成强烈爆炸性的火山喷发；而黏度小岩浆易于流动，可形成大面积的火山熔岩流。如玄武质岩浆因含 SiO_2 和 Al_2O_3 低，所以黏度小，岩浆流速大。如夏威夷火山喷出的玄武质岩浆，当温度在 1100℃、自然坡度为 2° 时，其流速可达每小时 60 千米，平均为每小时 1000 米，最慢每小时也达 400 米；而流纹质岩浆，因含 SiO_2 和 Al_2O_3 高，所以黏度大，流动速度比玄武质岩浆要慢得多。挥发分中的 H_2O 是影响岩浆黏度的主要因素，H_2O 含量多，岩浆黏度小，反之黏度增大。温度和压力对岩浆的黏度也有明显的影响，温度升高，岩浆黏度降低；当温度降低，黏度则升高。压力的影响与温度的作用相似，当压力增大时，岩浆的黏度显著降低，另外压力增加时挥发分在岩浆中的溶解度增加，从而也降低了岩浆的黏度。所以不同成分的岩浆黏度的大小，受压力影响的程度也有所不同。

分　类

岩浆可分为原生岩浆、母岩浆、派生岩浆。原生岩浆是

由上地幔或地壳岩石经熔融或部分熔融形成的其成分未经变化的岩浆。母岩浆能通过各种作用（如分异作用、同化作用、混合作用等）产生出派生岩浆的独立熔体。所以原生岩浆可以是母岩浆，而母岩浆不一定是原生岩浆。“原始岩浆”一词曾有人用过，因含义不够确切，一般不使用。原生岩浆经过一系列演化作用形成各种新的岩浆，称为派生岩浆，派生岩浆可形成多种多样的火成岩。

对原生岩浆的种类，曾有过不同的认识，20 世纪 30 年代，以美国岩石学家 N.L. 鲍温（1928）为代表，认为自然界只有一种玄武质原生岩浆，即为一元论，其他的岩浆均由玄武质岩浆演化派生形成的。后来以俄国的 F.Yu. 列文生 - 列星格和美国的 R.A. 戴利等为代表的岩石学家认为原生岩浆有两种：一是玄武质岩浆；另一种是花岗质岩浆，即为二元论。近年来的研究认为原生岩浆可以有多种。按其成分可分为超基性金伯利岩质岩浆，基性拉斑玄武质岩浆、碱性橄榄玄武质岩浆、科马提岩浆、中性安山质岩浆、酸性花岗质岩浆、碳酸盐质岩浆等，即所谓多元论，这种认识更客观和合理。

形　成

地球上形成原生岩浆的地方主要有三处：上地幔、大陆地壳的下部和板块消减带地区。

①上地幔中岩浆的形成。上地幔主要由铁镁硅酸盐矿物

组成，相当于超镁铁质岩石。1966 年 A.E. 林伍德认为这种成分大致上与 3 份阿尔卑斯型橄榄岩和 1 份夏威夷型玄武岩的成分混合物相当，并把这种成分的岩石称为地幔岩，它与二辉橄榄岩成分相似。现认为在地表或地壳浅处看到的尖晶石二辉橄榄岩、石榴石辉石岩、石榴二辉橄榄岩、榴辉岩等深源包体和阿尔卑斯型方辉橄榄岩和纯橄榄岩等都是地幔岩的残块，是上地幔岩石的组成部分。如方辉橄榄岩和纯橄榄岩，一般认为是原始地幔岩经熔出玄武质岩浆后的难熔固相残留物。因组成地幔的这些岩石成分上的差别，故地幔岩经部分熔融后形成的原生岩浆成分也不同。若上地幔岩发生部分熔融源区的岩石是无水的地幔岩，所处部位小于 15 千米，压力小于 0.5 吉帕，发生部分熔融时，就会形成石英拉斑玄武岩浆；如所处深度为 15 ～ 35 千米，压力为 0.5 ～ 1.0 吉帕，就会形成高铝橄榄拉斑玄武岩浆；如深度为 35 ～ 70 千米，压

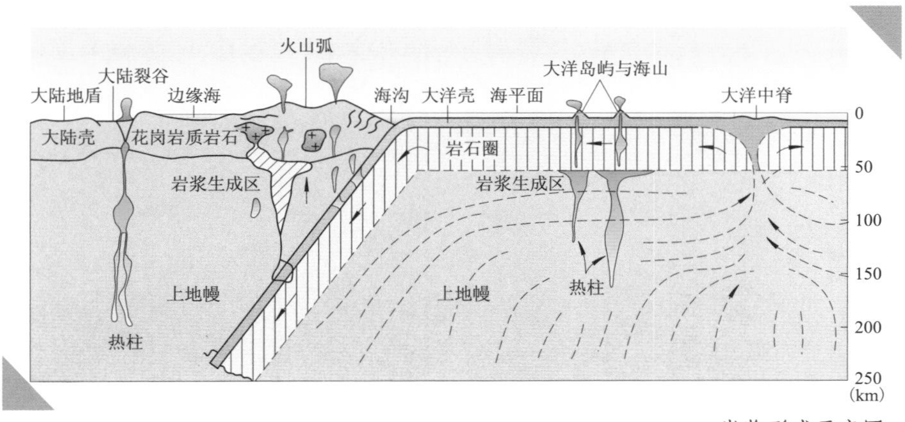

岩浆形成示意图

力为1～2吉帕就会形成碱性橄榄玄武岩浆；如在70～100千米深处，压力为2～3吉帕，就会产生苦橄质拉斑玄武岩浆。若源区上地幔岩含有少量的水，其初始部分熔融的温度会低许多。同样是15千米以内的深度和相同的压力，由于部分熔融程度不同，就可形成各种不同的岩浆。如部分熔融程度等于或少于15%时，可产生石英拉斑玄武岩浆；熔融程度达20%时，即可形成橄榄拉斑玄武岩浆；熔融程度达30%时，可形成苦橄质拉斑玄武岩浆。随着深度的增加和不同熔融程度的变化，还可形成其他不同种类的岩浆，如碱性橄榄玄武岩浆、橄榄碧玄岩浆、金伯利岩浆和碳酸盐岩浆等。这些经由部分熔融形成的原生岩浆其密度都比源区的母岩轻，所以在重力和构造作用因素的影响下，会运移或聚集而形成地壳下面的岩浆房，或侵入地壳某个部位，或喷出地表形成火山。

②大陆地壳中岩浆的形成。陆壳分上地壳和下地壳。上地壳厚度20千米，由约5千米厚的沉积盖层和5～20千米的花岗质岩层组成。下地壳由玄武质岩石组成，厚约15千米。下地壳的玄武质岩石由于所处的环境温压较高，大多数转变为麻粒岩相。熔融实验表明陆壳上部不同成分的沉积盖层其形成岩浆过程有所不同，如由沉积的岩屑砂岩变质形成的片麻岩在压力为2吉帕时，温度达到685±10℃便开始熔融，到700℃时片麻岩中的碱性长石全部熔融，形成花岗岩

质的岩浆，岩浆的数量可达30%；当温度进一步升高，达到740℃时，岩浆量可达75%，并具有花岗闪长岩质岩浆的组成。如泥质岩变成的片麻岩，温度到达700～720℃时才开始熔融，温度730℃时岩浆数量可达40%～50%，成分近于浅色花岗质岩浆。温度大于740℃时形成花岗质岩浆，810℃时岩浆数量达80%，成分演化成花岗闪长质岩浆。在20千米深处，有水的情况下，温度达900℃时，可形成流纹质岩浆，而下地壳的玄武质岩石部分熔融后可形成安山质或英安质岩浆。

③板块消减带岩浆的形成。在大陆边缘和岛弧地带有大量的钙碱性安山质岩浆形成，一般认为与洋壳板块俯冲的消减带发生部分熔融有关。典型的大洋地壳由较薄的沉积盖层（一般≤1千米）、玄武质和辉长岩质等岩层组成。由于洋壳板块向陆壳板块下俯冲、下插，而陆壳板块则发生仰冲，在洋壳俯冲下插于其上方形成陆壳和地幔岩的楔形区。当洋壳俯冲达100千米深处时，这里温度高，一些含水矿物变得不稳定，释放出大量的水，这些水上升并进入楔形区陆壳下面的地幔岩中。当温度大于1000℃，使富含水的地幔岩（橄榄岩）发生部分熔融，形成原生岩浆，这种岩浆经过变化可形成安山质岩浆。另外情况，当洋壳向下俯冲时，洋壳上的沉积盖层，除部分可能由于陆壳的刮削被留在俯冲带表面之外，大部分都会随洋壳一起俯冲到较深的部位；当达到60千米深

处时，温度变得较高，也开始发生熔融形成岩浆。如果洋壳继续下插到更深的地方，如100千米左右，继续发生熔融作用，便可产生富水、富碱而贫硅的岩浆。

关于原生岩浆形成的这些认识，有些比较成熟，有些还在探讨中。

第三章

火成岩类型

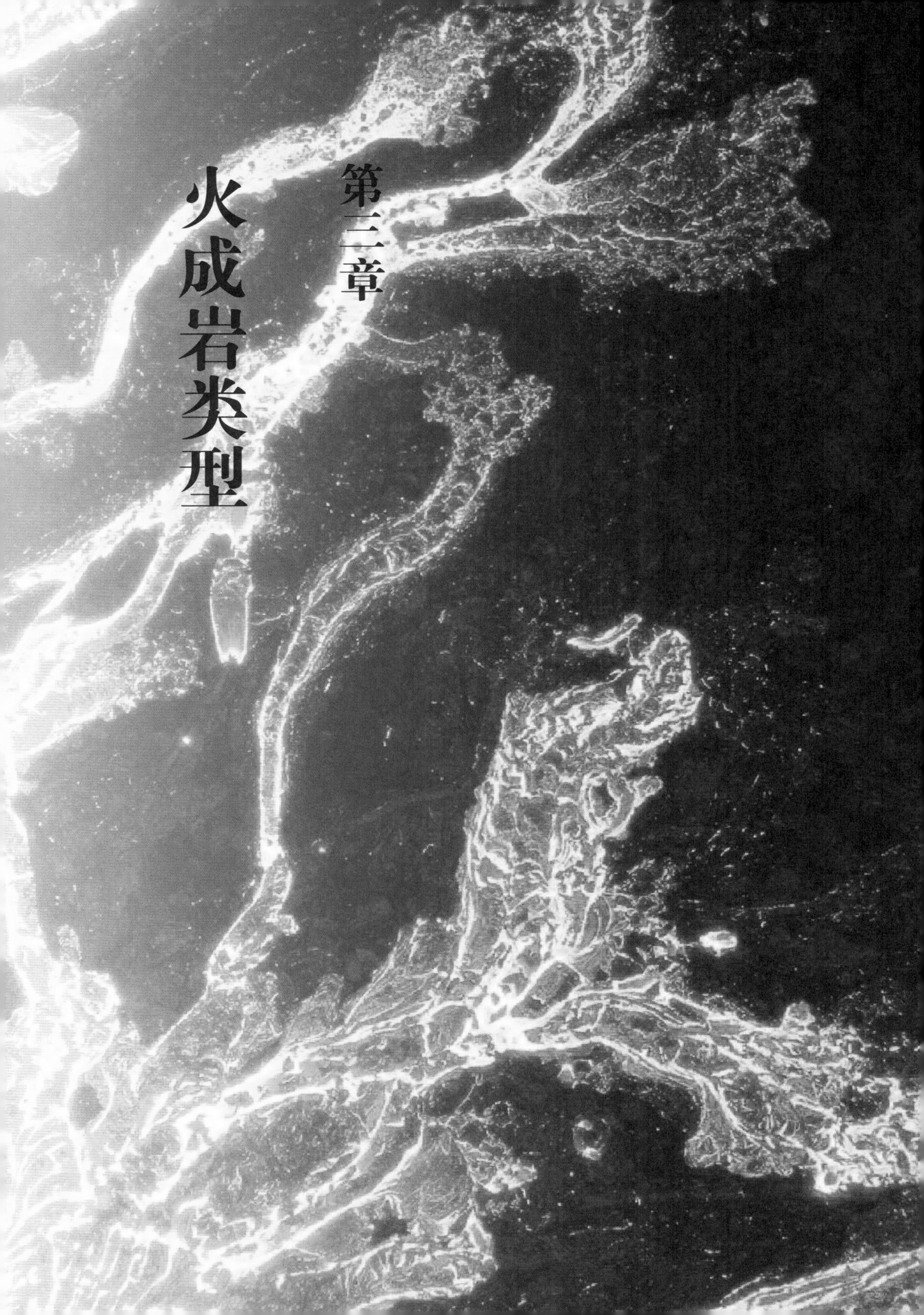

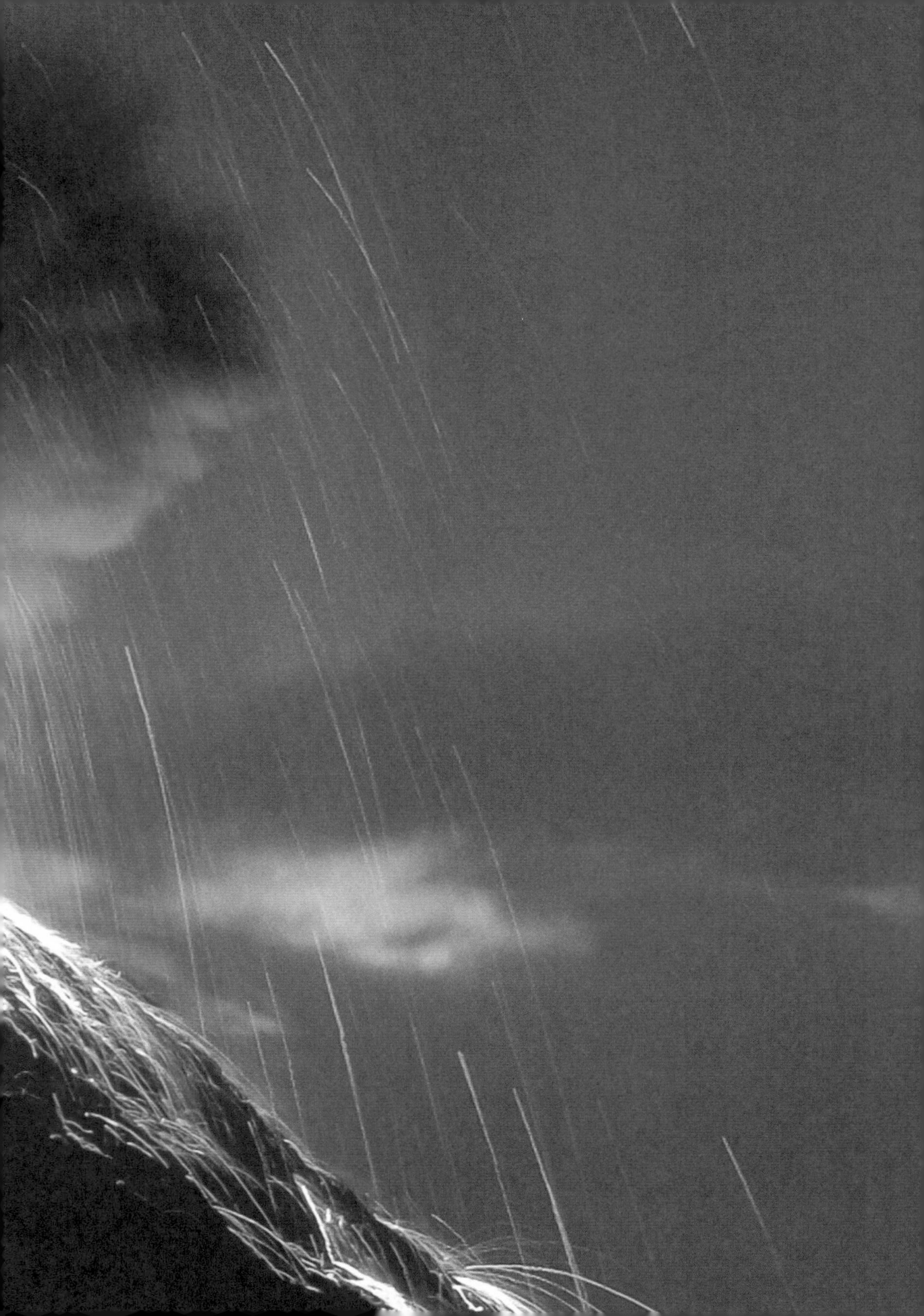

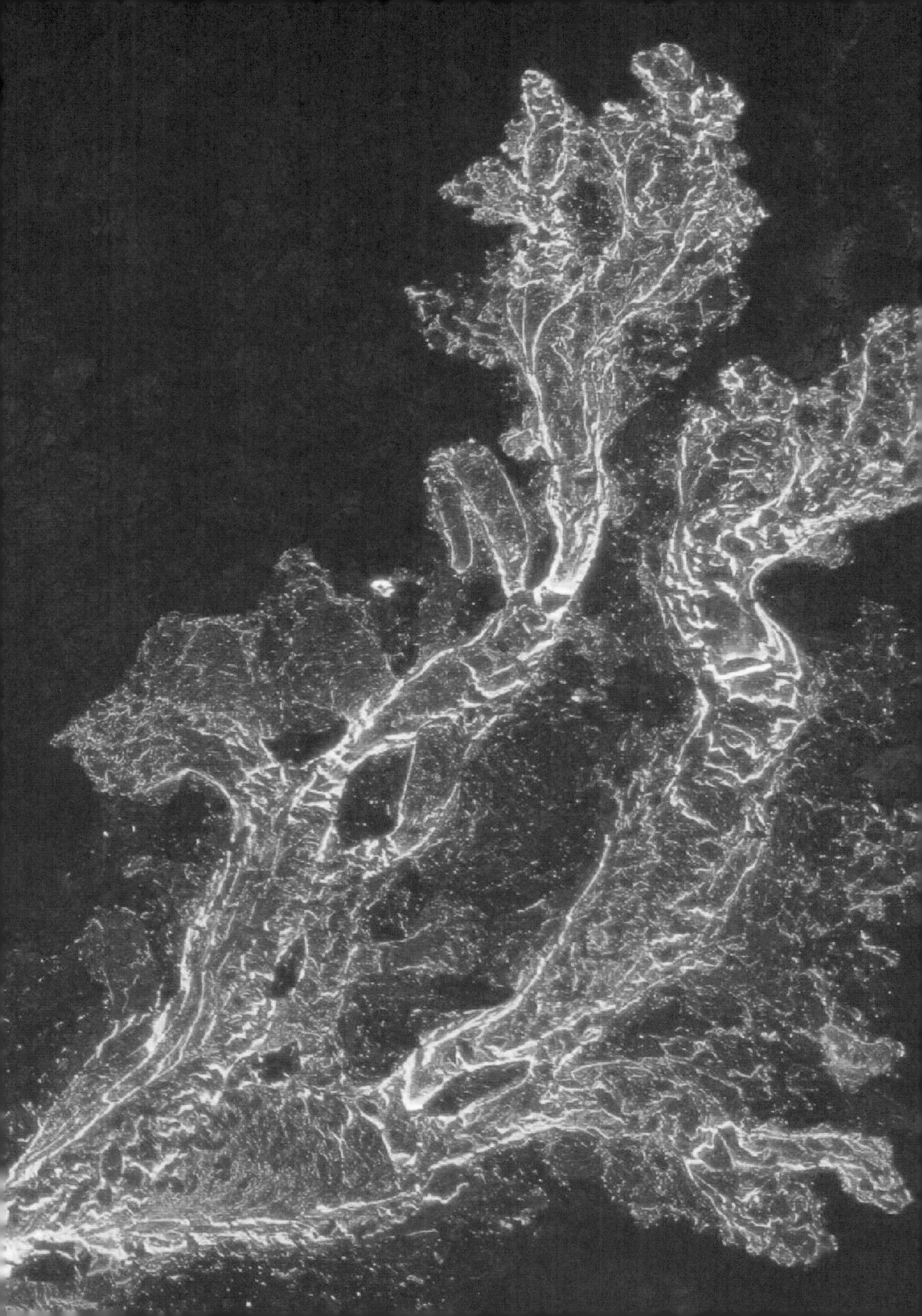

中性岩

中色－浅色的岩石，多为灰色、浅灰、灰绿等色。火成岩中的一大类。其 SiO_2 含量为 53%～66%，MgO 平均约为 5%，$FeO+Fe_2O_3$ 和 CaO 分别约为 6%～8%。铁镁矿物与硅铝矿物比一般为 30∶70。

深成岩的结构主要为半自形中细粒结构，少数为半自形中粗粒结构。浅成岩主要为斑状结构、半自形细粒结构。喷出岩主要为斑状结构、隐晶质结构。岩石构造常为块状构造，也可见条带状构造、斑杂构造。根据岩石中 **K_2O+Na_2O** 含量，不同中性岩可分为三个系列：钙碱性系列中性岩（K_2O+Na_2O 平均含量约为 5.5%），钙碱－碱性系列中性岩（K_2O+Na_2O 平均含量约为 9%），过碱性系列中性岩（K_2O+Na_2O 平均含量约为 14%）。由于化学成分的差别，矿物成分也有所不同，钙碱性中性岩主要矿物成分为角闪石和中性斜长石；钙碱－碱性中性岩主要矿物成分为角闪石、碱性长石、中酸性斜长石，其次有辉石和黑云母，这个系列中偏碱性的岩石还常含有碱性辉石、碱性角闪石和小于 5%的似长石；过碱性中性岩主要矿物成分为碱性长石、碱性辉石和碱性角闪石，其次为富铁的黑云母，并含有 5%～50%的似长石为其特征。中性岩典型的代表性岩石包括：钙碱性深成侵入岩为闪长岩、石英闪长岩；浅成侵入岩为闪长玢岩、石英闪长玢岩；喷出岩为安山岩。钙碱－碱性深成侵入岩为正长岩、二长岩，石英正长岩、石英二长岩；浅成侵入岩为斑岩（正长斑岩、石英正长斑岩）；喷出岩为粗面岩、角斑岩（海相喷发）。过碱性深成侵入岩为霞石正长岩；浅成侵入岩为霞石正长斑岩；喷出岩为响岩。中性岩的产状：侵入岩多为岩床、岩盆、岩盖、岩脉和规模不大的岩株，较少成独立岩体，常与其他火成岩共生。喷出岩产状多为岩钟、岩穹和规模较小的岩流。

酸性岩

火成岩的一大类。SiO_2 含量大于 66%，是各类火成岩中 SiO_2 含量最高者，一般变化范围为 66%～75%，平均含量为 71.30%。$FeO+Fe_2O_3$、MgO 含量又是各类火成岩中最低的，其平均含量分别为 2.85% 和 0.71%，K_2O+Na_2O 含量较高，平均含量可达 7%～8%。矿物成分特点是铁镁矿物含量是各类火成岩中最少的，但富含硅铝矿物。铁镁矿物与硅铝矿物含量比一般为 10：90。

花岗岩（8cm×12cm，广东台山）

硅铝矿物主要为钾长石类、中酸性斜长石和石英。铁镁矿物主要为黑云母，其次有角闪石和辉石。副矿物有榍石、锆石、磷灰石、磁铁矿。根据岩石 K_2O+Na_2O 的含量可把酸性岩分为钙碱性系列酸性岩和碱性系列酸性岩。钙碱性系列常见的主要岩石：深成侵入岩有黑云母花岗岩、角闪花岗岩、二长花岗岩、花岗闪长岩等；浅成侵入岩有花岗斑岩、细粒花岗岩、石英斑岩；喷出岩有流纹岩、英安岩、黑曜岩、珍珠岩、松脂岩等。碱性系列常见的主要岩石：深成侵入岩有碱性花岗岩；浅成侵入岩有霏细花岗岩；喷出岩有碱流岩、碱性流纹岩。酸性岩常形成巨大的岩基和岩株，并与多种金属矿床有密切关系，是良好的建筑石材和装饰石材。

花岗岩

富硅的酸性侵入岩。1596 年首次使用花岗岩这一术语，当时是形容一种粒状的岩石。

花岗岩

花岗岩多为肉红色、浅灰色、灰白色。其化学成分特点是 SiO_2 含量高，大于 66 %；富含 K_2O、Na_2O，平均含量为 6 % ～ 8 %；而 FeO、Fe_2O_3、MgO、CaO 含量较低。花岗岩一般矿物成分主要由石英、碱性长石和酸性斜长石（有的也可为中酸性斜长石）组成，含量达85%以上，其中石英含量大于20%。碱性长石包括正长石、微斜长石、条纹长石和含钙长石分子小于5%的钠长石。次要矿物为黑云母，也可有角闪石和辉石，含量为10%左右。典型的花岗岩其矿物成分特征是含黑云母（<10%）、钾长石和更长石，钾长石多于更长石，含量占长石总含量的65%～90%，石英含量为30%左右。副矿物常有锆石、榍石、磷灰石、电气石、磁铁矿等。花岗岩常见的次生变化有钠长石化、云英岩化、绢云母化、泥化、硅化、绿泥石化等。根据K_2O、Na_2O与SiO_2的关系，可分为钙碱性系列和碱性系列花岗岩。钙碱性花岗岩中主要为普通角闪石、普通辉石、透辉石。碱性花岗岩中主要为碱性角闪石和碱性

花岗岩地貌景观（江西玉山三清山秀峰）

辉石，如钠闪石、蓝闪石、霓辉石和霓石等，还常含稀土微量元素的副矿物如星叶石、独居石等。

花岗岩的结构多为半自形粒状结构，又称花岗结构，可有粗、中、细不同粒级，也可见似斑状结构、斑状结构。花岗结构的特点是暗色矿物比较自形（结晶较好），斜长石自形程度又比钾长石好，石英自形程度最差，多为他形不规则粒状或填隙状，有时与钾长石形成文象交生结构或蠕虫结构。花岗岩的构造多为块状构造，也可有斑杂构造、条带状构造、晶洞构造、似片麻状构造，少数花岗岩还有特殊的球状环斑构造（又称更长环斑结构）。

花岗岩根据其铁镁矿物不同，钾长石与斜长石含量的差别，还可分为不同的种属，常见的种属有黑云母花岗岩、角闪花岗岩、白云母花岗岩、二云母花岗岩、碱长花岗岩、二长花岗岩、白岗岩、花岗闪长岩、霓辉石花岗岩、霓石花岗岩、钠铁闪石花岗岩、英云闪长岩、更长环斑花岗岩、紫苏花岗岩、花岗斑岩、花岗闪长斑岩等。

花岗岩（包括花岗岩类）根据其物质来源和产出的构造背景，从成因上可分为 I 型、S 型、A 型和 M 型四种不同类型。I 型为未经风化的火成岩经熔融形成岩浆的产物；S 型为经风化的沉积岩（泥质岩为主）熔融形成岩浆的产物；A 型为地幔玄武岩浆演化或玄武质岩浆上升后受地壳不同程度的混染或亏损地壳熔融的产物，主要产于裂谷带和稳定大陆板块内部；

M 型为地幔上升的岩浆与地壳同熔混合形成的产物，产于某些大陆边缘。从地质构造方面考虑，又可分为造山花岗岩和非造山花岗岩，造山花岗岩包括 I 型和 S 型，非造山花岗岩包括 A 型。

花岗岩在地壳中是分布最广泛的侵入岩，常成大规模的岩基产出，也有成岩株、岩盖、岩脉产出的。大型花岗岩岩基常是同一时代或不同时代多次侵入形成的复式岩体。从时代上看，自前震旦纪至新生代，伴随着每一次构造运动均有花岗岩体形成，尤以前震旦纪和燕山期最广泛。从地质构造位置看主要分布在褶皱区及地台结晶基底上。从成因上看，前震旦纪的花岗岩多为交代形成，而燕山期以后的花岗岩则以岩浆成因为主。中国东部地区，特别是华南地区有广泛的花岗岩出露，约占华南地区总面积的四分之一，达 20 多万平方千米，以南岭花岗岩为代表。西部地区如昆仑山脉中也有不少花岗岩分布。

花岗岩（包括花岗岩类）的成因有两种代表性的观点，即岩浆成因说和交代成因说（花岗岩化）。岩浆成因的花岗岩（类）是指由花岗质岩浆侵位冷却形成的，岩浆形成后常常经过运移，上升到异地冷却、凝固，所以又称异地花岗岩。交代成因的花岗岩是指先存在的岩石多在固态或半固态下，由于交代作用而形成的，没有经过岩浆形成的阶段和运移，是原地形成的，故又称为原地花岗岩。

花岗岩与矿产关系密切，常见有多金属和稀有金属矿床，如钨、锡、钼、铜、铅、锌、锑、铍、铌、钽、铀、金等。中国江西、广东、福建、湖南等省以钨、锡、铍、铀等有工业价值矿床而著名。花岗岩还是优良的建筑石材，颜色美观的是高档装饰石材。

流纹岩

酸性喷出火山岩。成分与深成花岗岩相当。因常发育有流纹构造而得名。一般为灰色、灰白、灰黄、灰红色。其化学成分以富 SiO_2 为特点，是各类火成喷出岩中含 SiO_2 最高的，平均含量为72.82%。

根据成分特点流纹岩分为钙碱性系列和碱性系列两个类型，其化学成分和矿物成分有所不同。①钙碱性系列流纹岩以富钙而贫碱为特征，$CaO > 1\%$，$K_2O+Na_2O < 8\%$，$K_2O > Na_2O$。主要矿物为钾长石、酸性斜长石和石英，少量黑云母，偶见辉石，岩石具斑状结构或无斑隐晶质结构。长石和石英常成为斑晶，常有熔蚀现象。年代较新的流纹岩中长石、石英斑晶多为高温种属

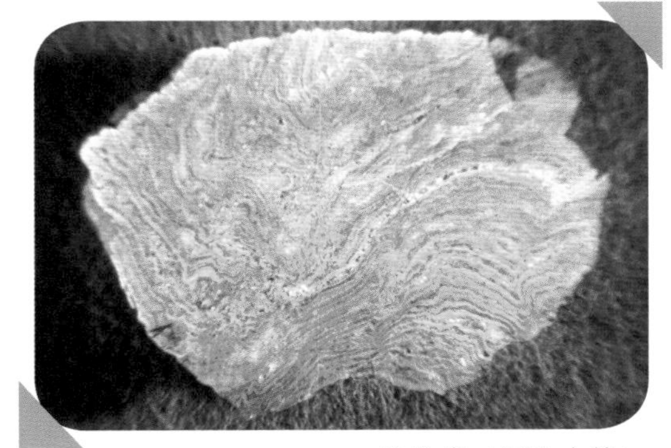

流纹岩（河北赤城）

流纹岩地貌景观（浙江缙云山仙都鼎湖峰）

如透长石、β-石英。基质中可能还有鳞石英和方石英，这些高温矿物往往不稳定，容易转变为低温种属。副矿物常为磁铁矿、磷灰石。岩石基质多为霏细结构、球粒结构和半晶质－玻璃质结构。岩石具流纹构造外，多为块状构造，还有珍珠构造、气孔构造、石泡构造等。1982年在中国四川发现一种流纹岩新种属——富钡流纹岩，斑晶为钡冰长石和石英，基质由钡冰长石、石英微晶和绢云母组成。②碱性系列流纹岩以贫钙富碱为特征，$CaO < 1\%$，$K_2O+Na_2O > 8\%$，Na_2O含量常大于K_2O。岩石也呈斑状结构或无斑隐晶质结构。斑晶常为钠透长石、钠长石、歪长石，石英很少或没有，可见透辉石、普通辉石或碱性暗色矿物如霓辉石、霓石、钠闪石、钠钙闪石等。基质结构构造和钙碱性流纹岩相同，此外，还可有粗面结构，粗面－霏细结构。

流纹岩次生变化常有硅化、泥化、绢云母化等。产状常为岩钟、岩丘和小规模的岩流。中国的流纹岩主要分布在东部地区，尤以东南沿海一带更多见。与流纹岩有关的矿产有金、银、铜、铅、锌和铀；非金属矿有沸石、蒙脱石、高岭石、叶蜡石、明矾石、萤石等。

黑曜岩

玻璃质酸性火山岩。SiO_2 含量大于66%，一般为70%以上。多为黑色、黑褐色，玻璃质结构，部分可见强熔结凝灰结构，致密块状。有明显的玻璃光泽，断口平整光滑或具贝壳状，主要由玻璃质组成，性脆易碎，可有少量的斑晶或雏晶。有的可见石泡构造，可含2%的水。黑曜岩有一些独特的物理性能，如容重小、易破碎、导热系数低、绝缘

黑曜岩（6cm×9cm，美国）

性好、耐火度高、吸音性好、吸湿性小、抗冻耐酸、膨胀性好等。广泛应用于建筑、冶金、石油、化工、电力、农田改良、铸造等方面。

碱性岩

广义的碱性岩一般指含钾、钠较高的火成岩，可通过计算钾、钠含量对硅含量的比值来确定。计算方法有多种，常用的是A.里特曼指数“δ”值（又称组合指数），不管哪类火成岩，δ 值大于3.3，即可定为碱性岩。通常所说碱性岩均指狭义的碱性岩，其代表性岩石为霞石正长岩、响岩类火成岩。岩石化学成分特点是SiO_2不饱和的中性岩，K_2O+Na_2O含量高，一般大于10%，有的可达18%。

在矿物成分上以出现碱性辉石、碱性角闪石和似长石为特征。长石以碱性长石为主（钾长石和钠长石）不含石英。黑云母为富铁的黑云母。副矿物较复杂，常见的有锆石、磷灰石、榍石、萤石、方解石、尖晶石、磁铁矿、铬铁矿以及一些含稀有稀土元素的矿物如独居石、褐帘石、黑榴石、钙钸磷矿、硅钸矿、异性石、星叶石、铌铁矿等。岩石结构多为半自形粒状结构、嵌晶结构、似粗面结构、粗面结构和隐晶质结构。构造多为块状构造、条带状构造、斑杂构造等。常见的岩石种属有霞石正长岩、霓霞岩、霞石岩、黄长岩、响岩、白榴岩等。岩石的次生变化常有泥化、沸石化、绢云母化、绿泥石化、碳酸盐化等。碱性岩分布少，规模小，产状多为小岩株，岩床、岩盖、岩脉、小岩流、岩钟等。主要分布在地质构造稳定区的边部、隆起带或裂谷带中。从前寒武纪至新生代均有碱性岩形成，总的规律是古生代前以碱性侵入体为主，而中新生代以后的碱性岩以喷出岩居多。与碱性岩有关的矿产主要为稀有和稀土元素矿床，不仅类型多，且十分丰富。中国先在山西临县紫金山发现碱性岩，后又在云南、四川、河南、辽宁、江苏、安徽、黑龙江、西藏等地均有发现。

第四章

沉积岩岩石学

沉积岩

地表和地表下不太深的地方形成的地质体，它是在常温常压条件下由风化作用、生物作用和某种火山作用产生的物质经过改造（如搬运、沉积和成岩作用）而形成的岩石。曾称水成岩。它是组成地壳的三大岩类（火成岩、沉积岩和变质岩）之一。沉积物是沉积岩的前身，是陆地或水盆地中的松散碎屑物、沉淀物、生物物质等，如砾石、砂、黏土、内碎屑、鲕粒、生物残骸、灰泥、石膏、岩盐等。主要是母岩风化的陆源与内源物质，其次是火山喷发物、有机物和宇宙物质等。 沉积岩的体积只占岩石圈的5%，但其分布面积却占陆地面积的75%，大洋底部几乎全部为沉积岩或沉积物所覆盖。沉积岩种类很多，其中最常见的是泥质岩、砂岩和石灰岩，它们占沉积岩总数的95%。沉积岩中蕴藏着大量沉积矿产，如煤、石油等能源矿产，非金属、金属和稀有元素矿产等。

化学成分

因沉积岩中的主要造岩矿物含量差异而不同。下表是沉积岩的平均化学成分含量。

沉积岩平均化学成分（氧化物百分含量）

氧化物	沉积岩（克拉克，1924）	沉积岩（舒科夫斯基，1952）
SiO_2	57.95	59.17
TiO_2	0.57	0.77
Al_2O_3	13.39	14.47
Fe_2O_3	3.47	6.32
FeO	2.08	0.99
MnO	—	0.80
MgO	2.65	1.85
CaO	5.89	9.90
Na_2O	1.13	1.76
K_2O	2.86	2.77
P_2O_5	0.13	0.22
CO_2	5.38	—
H_2O	3.23	—
总和	98.73	99.02

造岩组分

包括碎屑组分、化学-生物化学组分、蒸发化学组分、有机质衍变组分、火山喷发组分、宇宙物质组分等。

碎屑组分

按物质来源又分下列几种：①陆源碎屑。由早先生成的岩石经风化、剥蚀形成的碎屑，包括岩石碎屑和矿物碎屑。陆源矿物碎屑主要是硅-铝质的。②内碎屑。沉积盆地内弱固结的沉积物经水流、风暴、滑塌或地震等作用破碎并再沉积而形成的碎屑。常见的是碳酸盐岩的内碎屑，也有泥质岩、铝质岩、磷质岩、硅质岩、石膏岩甚至盐岩的内碎屑。③生物骨骼碎屑。大多是盆地内的钙质及硅质的生物骨骼、壳体碎屑或壳体堆积而成，如甲壳类和珊瑚等，也包括微体动物的壳和壳屑，以及藻类和藻类碎屑等。

化学-生物化学组分

其中包括：①化学沉淀组分。由沉积区化学条件控制的硅、铝、铁、锰、磷和硅酸盐等组成的矿物，如铝硅酸盐黏土矿物和铝矿物。②由化学条件支配又受到生物、微生物细菌等的促进，如有些铁、锰、铜、铅等沉积矿物组分。③一些元素主要依靠生物体提供，如磷质岩中的磷来自海洋生物骨骸或陆地的鸟粪，硅质放射虫岩来自放射虫的硅质壳等。

蒸发化学组分

半封闭盆地内最常见的蒸发组分是方解石和白云石。在封闭盆地强烈蒸发条件下，可出现石膏、硬石膏、石盐、镁盐或钾－镁盐，或天然碱、苏打等。蒸发组分与干旱气候环境有关。

有机质衍变组分

各种低等和高等植物的根、茎、叶的堆积物和各种陆生的和水生的高等、低等以及微体动物的堆积物的有机质部分，经埋藏和细菌分解，可衍变为由碳、氢、氧不同比例聚合而成的有机酸、脂酸、醣、纤维素和有机碳等多种衍生组分，是构成煤、石油、天然气、油页岩等的主要成分。此外，有一些自然硫、锰、铁、铜、铅、锌、铀等在沉积岩中的聚集，也是在微生物或细菌活动的参与下造成的。

火山喷发组分

由于火山喷发而进入沉积岩的物质，包括凝灰质、矿物晶屑、喷发的岩石碎屑和岩浆的浆屑等。

宇宙物质组分

在沉积岩中含少量宇宙物质，如陨石、宇宙尘。

形成

风化产物（碎屑和溶解物质）及其他来源的沉积物经过搬运作用、沉积作用和成岩作用而形成沉积岩。对沉积物进行搬运和沉积的介质主要是水和大气，其次为冰川、生物等。形成过程受到古地理环境、大地构造格局的制约及古气候、古水动力条件等的影响，形成的沉积岩石类型丰富多样。

结构

组成沉积岩的组分的大小、形状和排列方式。它既是沉积岩分类命名的基础，也是确定沉积岩形成条件的重要特征和参数。按不同岩类分为下列几种：

根据碎屑颗粒（粒度、圆度、球度、形状及颗粒表面特征）、杂基和胶结物的特征，碎屑颗粒与杂基和胶结物之间的关系（胶结类型或支撑类型）的总和来划分。粒度以颗粒的直径来计量，它是反映碎屑岩形成环境的重要特征之一。圆度、球度和形状是表征碎屑颗粒形态的 3 个特征参数。圆度指颗粒的原始棱角受机械磨蚀而圆化的程度。球度指颗粒接近球化的程度。颗粒的表面特征指颗粒表面的磨光度及显微刻蚀痕。杂基和胶结物是充填在碎屑颗粒之间的填隙物质。杂基是砂、砾碎屑岩石中较细粒的机械充填物，通常是粒度小于 0.03 毫米的细粒碎屑和黏土物质。当颗粒之间留下孔隙而无细粒充填物时，则造成颗粒支撑结构，而大小颗粒和泥质一起堆积下来便形成杂基支撑结构。胶结物是化学沉淀的物质，可分为原生和次生两种。常见的胶结物有碳酸盐、硅质、铁质和磷质等。根据杂基和胶结物与碎屑颗粒的相互关系，可分出各种胶结类型，如基底式、接触式、孔隙式和溶蚀式等。

泥质岩的结构根据黏土质点、粉砂和砂的相对含量，可将泥质岩（又称黏土岩）的结构划分为以下几种。按岩石结晶程度可分为非晶质黏土结构、隐晶质黏土结构、显微晶质黏土结构、粗晶黏土结构和斑状黏土结构。按黏土矿物结合体的形状分为胶状黏土结构、鲕状黏土结构、豆状黏土结构和碎屑状黏土结构。此外，还有生物黏土结构和残余黏土结构等。

按粒度划分的泥质岩结构类型

结构类型	各粒级百分含量		
	土	粉砂	砂
泥质结构	＞95	＜5	−
含粉砂泥质结构	＞70	5～25	＜5
粉砂泥质结构	＞50	25～50	＜5
含砂泥质结构	＞70	＜5	5～25
砂泥质结构	＞50	＜5	25～50

碳酸盐岩包括粒屑结构、生物格架结构、晶粒结构和残余结构。①粒屑（或颗粒）结构，由粒屑（或颗粒）、泥晶基质（或灰泥杂基）与亮晶胶结物组成。颗粒与泥晶、亮晶的相对含量可以反映岩石形成环境的介质能量条件。颗粒多、亮晶多，则介质能量高；颗粒少、泥晶多，则介质能量低。碳酸盐岩胶结物的结构类型有栉壳状、粒状、再生边及连生胶结等。胶结类型也可分为基底式、孔隙式和接触式等。②生物格架结构，主要是由原地固着生长的群体造礁生物形成的一种坚硬的碳酸钙格架。③晶粒结构，晶粒主要成分是方解石，其次是白云石。晶粒从大于 5 毫米的到小于 0.05 毫米的不等，按晶粒大小分为：巨晶、极粗晶、粗晶、中晶、细晶、极细晶、微晶和泥晶。④残余结构，是因交代或重结晶作用不彻底，原岩中矿物成分和 / 或结构部分保留而形成。

火山碎屑岩根据不同粒级的火山碎屑物在火山碎屑岩中的含量可分为 4 种基本结构类型：集块结构、火山角砾结构、凝灰结构和火山尘结构。此外，还有塑变结构、沉凝灰结构和凝灰碎屑结构。

沉积构造

由成分、结构、颜色的不均一造成的沉积岩层内部和层面上宏观特征的总称。沉积岩的构造有物理和化学的，有无机和有机的，有原生和次生的。沉积岩的构造可用于推论沉积条件，判断地层顺序。类型划分见下表。

常见沉积岩构造的分类

物理成因的构造	化学成因的构造	生物成因的构造
层理 水平层理、波状层理 交错层理、平行层理 粒序层理、块状层理 层面构造 波痕、冲刷面 泥裂、雨痕、雹痕 槽模、刻蚀模 同生变形构造 重荷构造、角砾构造 砂球-砂枕构造 砂岩岩脉（泄水构造） 碟状构造、包卷层理 滑坡构造、臼齿构造	溶解构造 缝合线 溶孔 沉淀与凝聚构造 结核 自生矿物晶体 碎屑砂岩再生长边 溶解、沉淀或凝聚构造 叠锥 龟背石 鸟眼构造 胶缩构造	生物生长构造 叠层构造 核形构造 凝块构造 生物障积构造 生物活动构造 足迹 遗迹 潜穴 钻孔 生物扰动构造

物理成因的构造是指由机械作用形成的原生与变形构造。它是沉积环境的标志，包括 3 种类型：①层间构造，流体侵蚀冲刷先期沉积物所形成的表面痕迹和堆积形态。它能指示风、水流、波浪的运动方向。波痕是最常见的层间（面）构造。它是流体流经底床时床沙运动的形态，又称底形。②层内构造，又称层理，是流体在搬运过程中由载荷物质垂向和侧向加积形成。细层是组成层理的最小单位，代表瞬时加积的一个纹层。层系是成分、结构、形态相似的一组细层，代表一个持续流体状况的加积物。层系组由一系列相似的层系所组成。不同特征的层系组分别构成水平层理（C_1）、波状

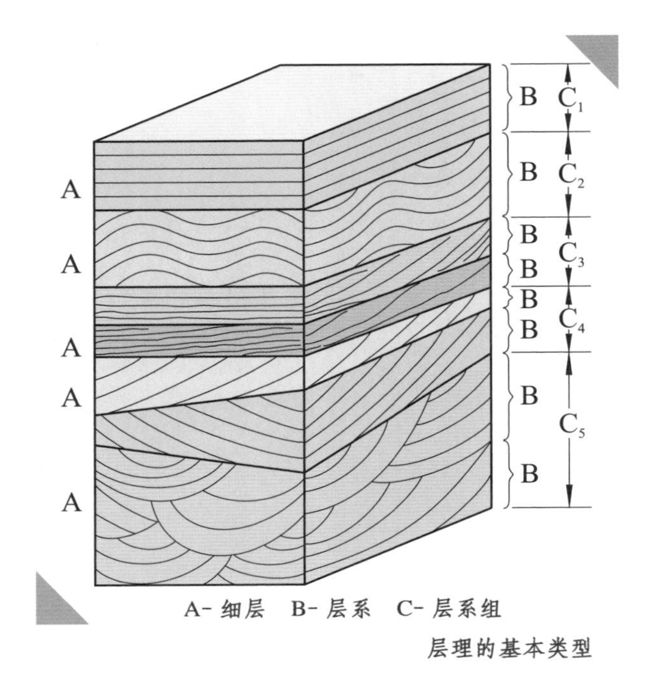

层理的基本类型

层理（C_2）、板状交错层理（C_3）、楔状交错层理（C_4）、槽状交错层理（C_5）。粒序层理又称递变层理，指粒度由下而上有递变现象的沉积层。粒度自下而上由粗递变细的称正粒序；粒度做反向递变的称逆粒序。正粒序主要发育于现代浊流沉积和古代复理石层中。逆粒序见于浊流沉积和某些颗粒流沉积中。粒序层理偶尔可见于牵引流（如河流）和三角洲沉积。③层的变形构造，又称同生变形构造。它是在准同生或沉积期后可塑性变形作用中形成的。变形作用有垂向为主和侧向为主之分。垂向变形的，主要由沉积物液化、重荷、潜水渗透、水位变动等原因造成，如泄水构造、重荷构造、球-枕构造、帐篷构造等。侧向变形的，主要由断裂剪切、重力滑动、水流拖曳诸原因形成，如滑塌、滑坡、变形层理（同生揉皱）、伏卧前积层等。大规模的侧向变形作用往往能诱导出垂向变形构造。现代和古代的碎屑岩和碳酸盐岩受地震影响后，可产生坍塌的角砾、砂体液化、层内褶曲、层内错动等。

化学成因的构造是指由溶解作用、化学沉淀与凝聚作用或复合因素形成的次生及原生构造。大多数产于碳酸盐岩和其他内源岩中。如：①结核构造，岩石中存在的成分与主岩有差异的核形物体，是在物理化学条件不均匀状况下，某种成核物质从周围的沉积物或岩石向成核中心富集而形成的。②鸟眼构造，碳酸盐岩中似鸟眼状孔隙被亮晶方解石或石膏、硬石膏充填的构造。大小多为 1 ～ 3 毫米，常呈平行层面排列。多产于潮上带，少数亦产于潮间带。它是由于露出水面的沉积物干燥收缩、灰泥中产生气泡或藻类腐烂而形成的孔隙，由亮晶沉淀物充填而成。③缝合线，由于压溶作用形成垂直层面分布的锯齿状、头盖骨接合缝状、尖锋状等形态的缝隙。常见于碳酸盐岩及砂岩、硅质岩和盐岩层中。缝合线处常遗留有较多不溶残余物质。

生物成因的构造是指由生物生命活动形成的构造。包括生物生长构造和生物活动构造。①生物生长构造，是由生物的生长作用形成的一类特殊的沉积构造。主要产于碳酸盐岩和其他内源岩中。其中：叠层石构造是由蓝细菌分泌的黏液质捕获和黏结沉积物质点而成，或由富藻的和贫藻的碳酸盐（或其他内源沉积物）的双纹层构造生长叠置而成；核形石构造主要是由非同心状的藻类与细粒沉积纹层围绕滚动悬着核心体生长而成；凝块构造是只有生长构造外形，没有内部叠层构造。叠层构造的形态特征和变化，与藻类的光合作用强度、水流速度有关。②生物活动构造，是由生物的生机活动作用形成的沉积构造。其中：足迹是动物的足趾留在沉积物表面的印痕；遗迹是由于无脊椎动物蠕动爬行或啮食，在沉积物表面产生的沟槽；潜穴是由无脊椎动物在未完全固结的沉积物内部，为了居住或觅食所挖掘的各种洞穴、管道，常见的有垂直管型、斜交管型、水平管型和复杂分支管型潜穴系统等；钻孔是无脊椎动物为了寻食或庇护，在已固结岩石质海岸、海底或生物钙质壳上凿蚀的各种孔洞，钻孔一般分布于未被海侵沉积物覆盖的岩石质海底上，是判别海侵和海岸线的标志。生物扰动构造系指生物在沉积物中活动引起的对原生沉积构造的改造，并形成不规则状斑迹以至完全均质化结构的层理。

分类

沉积岩分类考虑岩石的成因、造岩组分和结构构造 3 个因素。一般沉积岩的成因分类比较简略，按岩石的造岩组分和结构特点的分类比较详细。图为沉积岩成因分类框图。

图中外生和内生实际上是指盆地外和盆地内的两种成因类型。盆地外的，主要形成陆源的碎屑岩，但是陆地的河流等定向水系可将陆源碎屑物搬运到湖、海等盆地内部而沉积、成岩；盆地内的，形成的内生沉积岩的造岩组分，除了直接

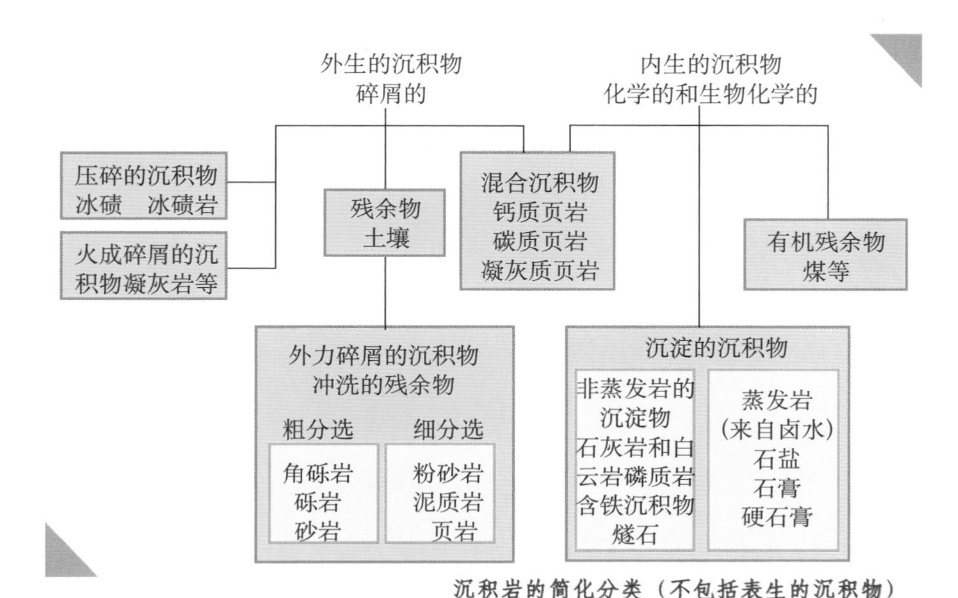

沉积岩的简化分类（不包括表生的沉积物）

由湖、海中析出的化学成分外，也可能有一部分来自陆地的化学或生物组分。因此，可简单地概分为2类：①陆源碎屑岩，主要由陆地岩石风化、剥蚀产生的各种碎屑物构成。按颗粒粗细分为砾岩、砂岩、粉砂岩和泥质岩。其中主要为水成陆源碎屑岩，此外风和冰川在特定条件下可形成风成岩、冰碛岩。②内积岩，主要指在盆地内沉积的化学岩、生物-化学岩，也有波浪、潮汐作用堆积形成的颗粒岩（内碎屑岩、骨粒岩、鲕粒岩等）。内积岩按造岩成分分为铝质岩、铁质岩、锰质岩、磷质岩、硅质岩、蒸发岩、可燃有机岩（褐煤、煤、油页岩）和碳酸盐岩（石灰岩、白云岩等）。此外，由不同性质的流体可形成不同沉积岩。如浊流作用形成浊积岩，风暴流作用形成风暴岩，平流作用形成平流岩，滑塌作用可形成滑积岩，造山作用前后常可分别形成复理石和磨拉石。

分布

沉积岩的形成和分布在不同的地质时期有不同特征。

元古宙沉积岩相对比显生宙沉积岩老，而比太古宙变质岩年轻的岩石。虽然元古宙（25 亿年前至 5 亿多年前）沉积岩一般只分布在大沉积盆地的边缘，出露面积较少，但是其中包含了地球早期发展的信息。例如，27 亿年前后全球分布硅铁沉积岩（硅质条带状铁矿）；16 亿年前后出现火山岩和火山碎屑沉积岩；6 亿～ 7 亿年前后出现大面积冰川沉积岩（冰碛岩）以及大范围的叠层石白云岩等。此外，在中国华北发现了世界上最古老的宇宙尘，最古老的蓝细菌、藻类丝体以及其他早期生命活动的遗迹。元古宙的 20 亿年期间，发生地震、海啸、风暴、山崩、地裂、冰川、火山爆发等地质事件很多，这些地质现象在元古宙沉积岩中都可能找到记录。地质学家认为，元古宙时期大气中含二氧化碳多，海水中含镁比较高，是造成白云岩形成的主要原因，另外当时海洋中还没有出现以食藻类为生的动物，这就造成叠层石化石得以普遍保存。元古宙沉积岩形成在一种还未完全了解的沉积环境中。

显生宙沉积岩距今约 4.5 亿年以后，地球上的沉积岩中，海相和陆相的生物化石大量出现，这是显生宙沉积岩的特点之一。显生宙沉积岩主要分布在地球上的大小盆地内部，但随着造山带的崛起，在有些盆地的边缘也可以见到褶皱了的显生宙沉积岩，甚至是变质了的显生宙沉积岩。显生宙沉积岩中含有许多无机和有机矿产，例如：铁矿、锰矿、石盐矿、石膏矿、煤矿、石油和天然气等，有一些沉积矿产的分布是全球性的，如石炭－二叠纪的煤矿。在显生宙沉积盆地中发现的石油、天然气资源占了全球的90%以上，而这些沉积矿产都和砂岩、页岩、石灰岩、白云岩等共生在一起，因此，研究沉积岩的分布有重要意义。

沉积作用

广义指造岩沉积物质进行堆积和形成岩石的作用。包括母岩的解离（提供沉积物质）、解离物质的搬运和在适当场所的沉积、堆积，以及经物理的、化学的和生物的（成岩的）

变化，固结为坚硬岩石的作用。狭义的指沉积物进行沉积的作用。更为狭义的指介质（如水）中悬浮状物质的机械沉淀作用。在沉积学中，常使用比较狭义的概念，把沉积作用定义为沉积物质在地表温度及大气压力下以成层方式进行堆积或形成的作用及过程，包括沉积物埋藏以前（即成岩作用开始以前）自风化、搬运以至堆积的全过程。风化作用是沉积作用过程中最早的一个阶段。沉积物质经风化作用形成之后进入搬运阶段。对沉积物进行搬运的主要营力是水和风，此外，还有重力和生物等的搬运。

风化作用

地壳最表层岩石在大气、水、生物等影响下进行的物理、化学和生物的三种作用，发生在岩石圈、水圈、大气圈和生物圈的界面相交错重叠的表生带内。此带的特点是低温、低压，富水、氧和二氧化碳，生物活动强烈。在地壳深部形成的岩石一旦进入这种表生环境，便发生解体，产生三种物质，即碎屑（机械破碎的矿物和岩石碎屑）、不溶残余（黏土矿物为主）及溶解物质。

总的来说，以崩解方式对岩石进行破碎的物理风化比较次要，而使岩石进行分解和溶解的化学风化则重要得多。母岩的性质、风化作用类型和母岩遭受风化的深度，决定了风化产物的性质及各类产物间数量比。在风化彻底、岩石完全分解的情况下，可提供成熟的沉积物，它们几乎全由风化的最终产物组成，主要是黏土和稳定的矿物碎屑及岩屑。它们在搬运中进一步分选，分别沉积为成分单一的沉积物。相反，风化程度较低，产生的沉积物成分复杂，形成稳定的和不稳定的矿物碎屑、岩屑、重矿物和黏土的混合堆积。

搬运和沉积作用

母岩风化产物除少数残余在原地并组成风化壳外，大部分都要被搬运走。由于风化产物的性质不同，搬运和沉积的方式也不同。一种是碎屑物质的搬运和沉积，称为机械搬运和沉积作用；另一种是溶解物质的搬运和沉积，称为化学和生物化学搬运和沉积作用。

碎屑物质进行机械搬运和沉积，主要受力学定律的支配。①泥砂的搬运方式，如水介质中，当砂和泥一类的碎屑物质

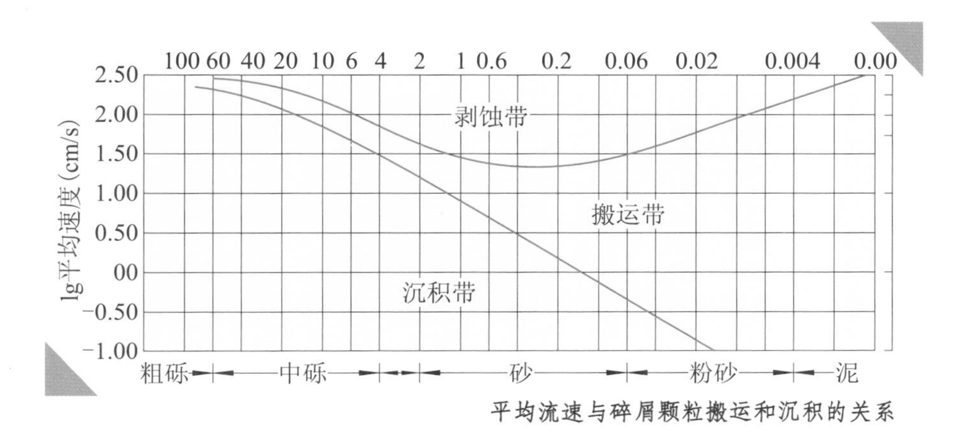

平均流速与碎屑颗粒搬运和沉积的关系

大部分以滚动、挪动和跳跃方式沿底部运动的推移质携运；少部分则以水中呈悬浮状随水流移动的悬移质携运时，这就是牵引流的搬运方式。许多河流、风、湖或海的波浪及一些海流和湖流都是这样搬运物质的。当被搬运的物质很多，如成为浓度很大的碎屑和水的混合物时，就成为高密度流或重力流（或块状流），如泥石流、浊流等。搬运中的流速与粒度的关系可用图解表示。图中始动流速曲线表示推动一给定粒度的颗粒所需的最小流速，沉积临界流速曲线表示一给定颗粒开始沉积的最大流速。粒径大于 2 毫米的砾石的始动流速与沉积临界流速相差很小，即流速变化很小，砾石即刻可改变其搬运或沉积状态，故在自然界砾石难以长距离搬运。小于 0.06 毫米的颗粒的始动流速与沉积临界速度相差很大，即流速有较大变化，颗粒仍可携行，故粉砂和泥质一经搬运，即可长期悬浮而不易沉积。0.6 ～ 2 毫米间的颗粒的始动流速最小，故砂粒在流水搬运中最为活跃。②流体的搬运和沉积作用，碎屑颗粒在流水中的搬运和沉积，主要与水的流动状态（层流或紊流、急流或缓流）以及水的流速与深度等有关。可以被流水搬运走的沉积物表层称为床沙。流体的搬运有牵引流和重力流的搬运。

牵引流是使颗粒呈推移状搬运的水流。河流、波浪流、潮汐流、沿岸流（发生于破波带向陆方向地带的平行于海岸的水流）、滨岸流（发生于破波带向海方向地带的平行于海岸的水流）、等深流（发生在外陆棚及斜坡上的平行于海岸线的水流）均属于牵引流性质。在牵引流中，当流速大于颗粒始动流速时，颗粒可以沿床沙表面移动或滚动。流体经过颗粒表面时，产生上浮力。如重力对颗粒的作用小于（或近乎小于）此上浮力，则颗粒可以跃起，并随流水向前跳跃，此即跳跃式搬运或间歇悬浮式搬运。滚动、挪动及跳移都是牵引流的重要搬运方式。由颗粒组成的床沙受到流水推力，必产生与之对应的反作用力，即产生一种阻抗。这种阻抗在床沙表现为粗糙度增加，呈现形如洗衣用的搓衣板状。流水作用于床沙的力愈大，床沙产生出的阻抗愈大，即所表现出的床沙粗糙度愈强。在形态上出现一系列不同类型的几何形体，称之为床沙形体或底形。沉积物经牵引流搬运，在床沙上即沉积物表面造成的不同形状的床沙形体系列为：下平坦床

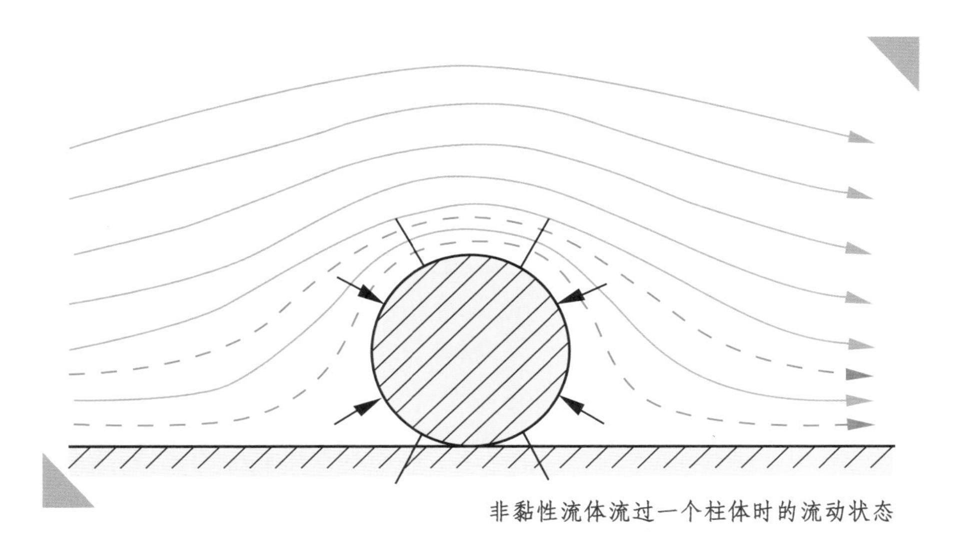

非黏性流体流过一个柱体时的流动状态

沙—沙纹—沙波—过渡型沙波—上平坦床沙—逆行沙波。它们保存在层面上便是各种波痕，埋藏下来的内部形态便是各种交错层理。

重力流是一种高密度的碎屑和水或大气的混合流体，颗粒在重力流中呈悬浮状运移。重力流分为两种。一种是水下沉积物重力流，包括浊流、液化沉积物流、颗粒流和碎屑流。在浊流中支撑颗粒的力是涡流的浮力，颗粒流中支撑颗粒的力是颗粒间碰撞而产生的推力，液化沉积物流中支撑颗粒的力是向上的粒间流，而在碎屑流中支撑颗粒的力则是杂基的强度。另一种是大气重力流包括火山喷发时在空中形成的热灰云和火山口附近形成的热气底浪沉积及火山灰流。重力流沉积分选性很差，无大型交错层理，常呈块状及粒序构造，重力流常见于大陆的冲积扇、深湖和深海或半深海环境中。在浅海带还可因强烈的飓风造成具有密度流性质的风暴流。

风具有牵引流性质，其密度很小，所搬运的颗粒粒度受到局限，主要是粉砂和泥，但因泥质可在大气中长期悬浮，故风携运的沉积物主要是粉砂和一部分极细砂。在特殊情况下，如火山爆发时喷出的大量火山灰也可在空气中形成密度流。

母岩风化后转入溶液的物质包括胶体物质和真溶液物质，常见的胶体化合物有 Al_2O_3、Fe_2O_3、MnO、SiO_2、黏土矿物、磷酸盐矿物等。当胶体在搬运过程中失去稳定性时，胶体物质就会发生凝聚作用，又称作絮凝作用。在重力的作用下，在合适的环境里，逐渐沉积下来。促使胶体发生凝聚和沉积的因素有：带有不同性质电荷的胶体相遇、溶液中有电解质的加入、胶体溶液浓度增大以及 pH 值的变化。此外，放射线照射、毛管作用、剧烈的振荡，以及大气放电等，都可导致胶体凝聚。氯、硫、钙、钠、镁、钾等多呈离子状态溶解于水中，即呈真溶液状态搬运，有时铁、锰、硅和铝也可呈离子状态在水中搬运。可溶物质的溶解、搬运和沉淀与其溶解度有关，就物质本身来说，是与其溶度积常数有关。即在一定温度下，组成该化合物的离子浓度（在水中）的乘积大于溶度积时沉淀，小于时则溶解。如硬石膏的溶度积为 6.1×10^{-5}，当溶液中［Ca^{2+}］、［SO_4^{2-}］离子浓度的乘积等于或大于此值时，硬石膏即析出；小于此值时，则硬石膏溶解。此外，介质的 pH 值、Eh 值、温度、压力，以及 CO_2 含量等，也影响可溶物质的溶解、搬运与沉淀。各种物质从溶液中沉淀出来都有一定的 pH 值条件。尤其是 pH 值对氢氧化物和氧化物的影响较大，Eh 值对于变价元素如铁、锰等的影响较大。温度与蒸发作用（压力大小）可以改变化学反应的进行方向和溶液浓度，对于碳酸盐和盐类的影响较大。

胶体物质和某些真溶液物质如磷酸盐和碳酸盐及一些铁质矿物等，当从溶液中析出后，也可能以颗粒形式经过机械搬运再沉积。此时，这些沉积受水动力即物理因素控制，表现出与碎屑沉积物相同的沉积特征，这些颗粒称为异化颗粒。生物在沉积和沉积演化的各阶段大都参与了作用，特别是晚前寒武世以来，有愈来愈重要的意义。生物通过自己的生机活动，直接或间接地促使化学元素、有机或无机的各种造岩造矿物质进行分解、化合、迁移、分散与聚集作用，并在适宜的场所促使形成岩石和矿床。

冰由于密度大，可携带包括从巨砾至砂和泥各种粒级的沉积物，无论在大陆或海中，冰碛物均表现出分选极差和成分复杂的特征。地下水也可搬运泥砂颗粒，大都在已沉积的颗粒间进行。其搬运距离小、数量小，但常可形成一些特殊构造，如示底构造、渗滤砂沉积等，可作为鉴别层序及成因的标志。重力的搬运和沉积作用在大陆和海洋条件下，可造成如崩塌堆积物、生物礁塌积物等。雨水的冲溅、天体对地球的撞击，均可造成局部的短暂的搬运和沉积。生物的搬运也是一种较普遍的形式，在沉积岩中常可看到生物的生机活动所留下的遗迹，称为遗迹化石。生物的搬运量不大，但常可造成有成因判别意义的构造。

沉积分异作用

沉积作用总体上讲，包括风化、搬运和沉积几个阶段，但它们不是截然分开的。如在搬运中也可遭受风化，而搬运与沉积的相互转化，则更是经常发生的。在沉积演化的整个过程中，都贯穿着元素（有时是某些物质）的迁移、分异及掺和作用。所谓分异作用，指在沉积岩形成作用全过程中母岩及其风化产物的组成物质按照物理和化学性质相互分离的作用。对于岩石和矿床的形成来说，分异作用具有很大意义。从大的阶段来看，可以划分出三种分异作用，即风化分异、搬运与沉积过程中的沉积分异和沉积物埋藏以后的沉积期后分异。在风化阶段，由于各种元素的可迁移性不同，形成具有分带性的风化壳矿床。搬运和沉积过程中的沉积分异包括机械的和化学的两方面的作用，作用的结果形成各类碎屑岩（砾岩、砂岩等）、砂矿矿床及某些化学沉淀矿床（石膏、岩盐等）。沉积物埋藏后的元素分异涉及的是化学的和物理化学的，以及生物化学的作用。由于它们所经历的地质时间间隙最长，故可形成一系列有价值的矿床（可燃有机矿床、金属硫化物矿床及许多非金属层控型矿床等）。

第五章

沉积岩类型

碎屑岩

由母岩经物理崩解作用形成的碎屑物质，通过机械搬运、沉积、成岩作用而形成的岩石。全称陆源碎屑岩。如将泥质岩划归这类岩石，则其总量占全部沉积岩的65%～89%。陆源碎屑岩包括4种基本组成部分：碎屑（颗粒）、杂基、胶结物和孔隙。杂基和胶结物又合称为填隙物。它们之间的组合关系，反映了沉积物形成时的流体类型、沉积物的形成过程，以及沉积环境的某些特征。本类岩石按碎屑粒度大小可划分为砾岩（角砾岩）、砂岩、粉砂岩和泥质岩。这些岩石在物质组成、结构、构造，以及岩石组合和岩体特征诸方面均有明显差异。深入研究这些内容对恢复古环境具有重要意义。此外，许多矿产资源，如煤、石油、天然气、地下水、砂矿床、层控矿床，以及若干非金属矿床，都与陆源碎屑岩密切相关。

砾岩

粒径大于 2 毫米的圆状和次圆状的砾石占岩石总量 30% 以上的碎屑岩。砾岩中碎屑组分主要是岩屑，只有少量矿物碎屑，填隙物为砂、粉砂、黏土物质和化学沉淀物质。根据砾石大小，砾岩分为漂砾（＞256 毫米）砾岩、大砾（64～256 毫米）砾岩、卵石（4～64 毫米）砾岩和细砾（2～4 毫米）砾岩。根据砾石成分的复杂性，砾岩可分为单成分砾岩和复成分砾岩。根据砾岩在地质剖面中的位置，可分为底砾岩和层间砾岩。底砾岩位于海侵层序的底部，与下伏岩层呈不整合或假整合接触，代表了一定地质时期的沉积间断。如河北唐山震旦系底部长城统石英岩质砾岩。层间砾岩整合地产于地层内部，不代表任何侵蚀间断。如中国北方寒武系和奥陶系的竹叶状灰岩。

砾岩的形成决定于 3 个条件：有供给岩屑的源区；有足以搬运碎屑的水流；有搬运能量逐渐衰减的沉积地区。因此，地形陡峭、气候干燥的山区，活动的断层崖和后退岩岸是砾岩形成的有利条件。巨厚的砾岩层往往形成于大规模的造山运动之后，是强烈地壳抬升的有力证据。砾岩的成分、结构、砾石排列方位，砾岩体的形态反映陆源区母岩成分、剥蚀和

石英砾岩

沉积速度、搬运距离、水流方向和盆地边界等自然条件。愈靠近盆地边界，沉积物的粒度愈大，其中陆源碎屑总含量也愈高。这些对岩相古地理的研究都是非常重要的。此外，古砾石层常是重要的储水层，砾岩的填隙物中常含金、铂、金刚石等贵重矿产，砾岩还可作建筑材料。

不同成因的砾岩，在砾石成分成熟度、粒度分布、形状、圆度表面特征，以及砾石空间排列上都有较明显的差异。按支撑类型、分选性、组构和沉积造物等 4 个成因标志，可把砾岩划分为 6 种成因类型。在 **F.J.** 裴蒂庄的砾岩和角砾岩的成因分类中首先按碎屑化作用力和碎屑来源，把岩石分为 4 类，即外力碎屑的、火成碎屑的、压碎碎屑的和陨石的；其次根据碎屑来源，将外力碎屑的分为层外的和层内的；再按杂基多少，进一步把层内砾岩分为正砾岩和副砾岩。

正石英岩质砾岩主要由稳定性高的石英岩和少量的燧石、脉石英等碎屑组成，呈颗粒支撑，填隙物较少，常被硅质胶结。砾石分选性好，圆度高，砾石粒度偏小，砾岩层厚度较薄。石英岩质砾岩常形成底砾岩。中国北方长城系底部有石英岩质砾岩。岩屑砾岩的砾石成分大多属不稳定组分，如玄武岩、花岗岩、石灰岩等。岩屑砾岩的砾石粒度较大，砾岩层厚度较大，砾石分选和圆度较差，反映出碎屑搬运不远，常常在盆地边缘或邻近沉积区快速堆积而成。岩屑砾岩多数是大陆成因的。纹层状砾质泥岩含有稀散砾级碎屑，其中杂基具纹层，纹层在较大的砾石处上凸和下凹。这种岩石常与冰碛岩共生。若分散的砾级碎屑嵌入无纹层的杂基中，这种泥岩称为块状砾质泥岩，它主要是水下重力流沉积。若岩块具磨光面和擦痕，则说明为冰川成因。河流砾岩的砾石通常成分复杂，稳定和不稳定的岩屑均可出现，碎屑分选较差，圆度较低，长轴与水流方向垂直，砾石扁平面倾向上游，倾角一般为15°～30°，砾岩体底部常有冲蚀面。滨岸砾岩形成于滨海和滨湖地区，砾石成分单一，多为坚硬岩石，分选好，圆度高，长轴多平行于岸线方向，最大扁平面向海方向倾斜，倾角一般7°～8°。砾岩层通常呈薄的透镜体产出，常与石英砂岩共生，滨海砾岩有含海生生物化石。

按地质作用和形成条件，砾岩还有许多类型。发育在地形高差很大地区的黏度极大的泥石流，沿斜坡下滑而堆积，可形成泥石流砾岩和角砾岩。由河流携运的粗碎屑堆积在山前的山麓斜坡上，可形成扇砾岩和角砾岩。由冰川作用可形成冰碛砾岩和角砾岩。典型的冰碛角砾岩完全没有分选，砾石棱角尖锐，在部分冰碛角砾岩中，具有典型的“丁”字擦痕。

角砾岩是粒径大于2毫米的棱角状和次棱角状的角砾占岩石总量30%以上的碎屑岩。组成角砾岩的岩屑一般没有经过搬运和搬运距离很小，碎屑分选差，棱角尖锐。角砾岩能很好反映母岩成分和性质，它与母岩关系较砾岩更为密切。按成因，角砾岩可分为残积的、层间的、泥石流的、崩塌的、成岩的、构造的和火山的。在成岩阶段，由于胶体脱水，体积收缩，岩石碎裂成角砾，再被胶结，则可产生成岩角砾岩。如石灰岩洞顶，由于溶解而崩塌，石灰质角砾被钙质或红土所胶结，可形成崩塌角砾岩（洞穴角砾岩）。在碳酸盐岩中，由于含盐层的塑性变形或溶解，导致围岩及夹层白云岩、膏晶白云岩等发生破碎、崩解、堆积胶结成岩，形成盐溶角砾岩。

砂岩

粒径为0.625～2毫米的砂占全部碎屑50%以上的碎屑岩。砂岩由碎屑和填隙物组成。碎屑成分以石英为主，其次是长石、岩屑，以及云母、绿泥石、重矿物等。碎屑主要有三个来源：陆源的、盆内的（大部分为碳酸盐砂）和火山源的，其中以陆源的数量最多。砂体和砂岩构成了石油、天然气和地下水的重要储集层。磁铁矿、钛铁矿等砂矿都是重要的沉积矿产。许多砂和砂岩都可应用于磨料、玻璃原料、建筑材料等。

砂岩的化学成分变化极大，它取决于碎屑和填隙物的成分，平均化学成分见表。砂岩化学成分以 SiO_2 和 Al_2O_3 为主，而且 SiO_2/Al_2O_3 值是区别成熟的和未成熟的砂岩的标志。

石英是砂岩的主要矿物碎屑，它在地表条件下最稳定，是大多数砂岩的主要组分。长石含量仅次于石英，有的超过石英。岩屑多半是火山岩岩屑或颗粒较细、成分较为稳定的沉积岩岩屑和变质岩岩屑。砂岩中密度大于 2.87 克/厘米^3 的矿物，称为重矿物，其含量一般不及 1%。根据重矿物的标型特征和重矿物组合（再结合轻矿物组合），对恢复母岩类型、进行地层对比，以及追溯陆源区都是有意义的。

填隙物包括化学胶结物和杂基。胶结物中占绝对优势的是硅质和碳酸盐质。硅质胶结物一般为次生加大石英和晶粒石英，较少见的为玉髓和蛋白石。在碳酸盐胶结物中以方解石较常见，白云石和菱铁矿少见。砂岩中的各种胶结物都各自反映了析出时的物理化学条件，所以研究胶结物的物质来源、析出顺序和作用的起止时间等

红色砂岩地貌景观（广东仁化丹霞山）

是研究岩石形成历史的重要内容。杂基也称基质或黏土杂基，是指小于 0.03 毫米的细粒碎屑和黏土物质，它们是悬移质的沉积产物，能反映搬运介质的密度和黏度，对分析岩石的形成机理有意义。关于杂基成因有多种认识。

除生物成因构造外，几乎所有沉积构造都能在砂岩中出现。

按砂粒直径通常把砂岩分为粒径为 1 ～ 2 毫米的巨粒砂岩、0.5 ～ 1 毫米的粗粒砂岩、0.25 ～ 0.5 毫米的中粒砂岩、0.125 ～ 0.25 毫米的细粒砂岩和 0.0625 ～ 0.125 毫米的微粒砂岩。砂岩分类多按成分和结构分类，主要研究各类砂岩所反映的成因意义，如物源区母岩性质、岩石的成熟度、流体性质、地壳运动等。20 世纪 40 年代以来提出了各种三角图分类。F.J. 裴蒂庄 70 年代提出的把砂岩分为净砂岩和杂砂岩的分类方案已逐渐被人们所接受。在中国，多采用刘宝珺等的砂岩三角图分类。

石英砂岩

砂岩的主要类型有石英砂岩、长石砂岩和岩屑砂岩。①石英砂岩。石英及硅质岩屑的含量占砂级碎屑总量 95 % 以上，仅含少量或不含长石、岩屑和重矿物。碎屑颗粒常以单晶石英为主，磨圆度和分选性都比较好，成分成熟度和结构成熟度都是最高的。杂基少，颗粒支撑。当杂基＞15％时则称石英杂砂岩。常见的胶结物是硅质和碳酸盐质，有时为铁质、硫酸盐、磷酸盐及海绿石。波痕、交错层理发育。岩层厚度不大，岩石常呈浅色。硅质胶结物部分次生加大时称石英岩状砂岩，若全部成为再生石英时，称为沉积石英岩（正石英岩）。石英砂岩主要形成于稳定的大地构造环境，地形准平原化，母岩经长期风化，剥蚀的产物大多在海洋（如海滩）环境下受到波浪和水流强烈簸选和反复磨蚀缓慢沉积而形成。它常与碳酸盐沉积共生，组成石英砂岩－浅海碳酸盐岩建造，如华北地台北半部的上前寒武系石英砂岩。②长石砂岩。长石碎屑含量占砂级碎屑总量25％以上，石英含量＜75％，可含少量岩屑、云母和重矿物。碎屑颗粒一般分选、磨圆中等。胶结物主要为碳酸盐质和铁质，常含泥质杂基。当杂基＞15％时，则属长石杂砂岩。长石砂岩常呈浅黄、肉粉或绿灰等色。长石砂岩按其形成条件可分为构造长石砂岩、基底长石砂岩和气候长石砂岩。长石砂岩的形成一般是在构造运动比较强烈的地区，由富含长石的母岩如花岗岩或花岗片麻岩类，在气候干燥寒冷、以物理风化为主条件下，经强烈侵蚀和快速堆积而成的。大多为大陆沉积，缺少海成的。常堆积于山前或山间盆地中。曾发现许多长石砂岩形成于大陆裂谷中。河北唐山震旦系产有长石砂岩，其中长石含量可超过 50%。③岩屑砂岩。岩屑含量占砂级碎屑总量 25% 以上，石英含量＜ 75%，并可含少量长石及云母，重矿物含量较高，而且种类复杂。碎屑颗粒的磨圆度和分选性由中等到差。泥质杂基较多，胶结物可为硅质和碳酸盐质。当杂基＞ 15% 时，则属岩屑杂砂岩。常呈浅灰、灰绿至深灰色。岩屑砂岩是一种成分成熟度和结构成熟度均较低的砂岩，主要形成于构造变动强烈地带的山前或山间拗陷中。这类岩石可以是海成的，也可以是陆成的。岩屑砂岩中，还有一种硬砂岩，又称杂砂岩或灰瓦克。它是一种暗色坚硬的岩石，主要由各种棱角状岩屑（包括基性喷发岩、浅变质岩、砂质页岩

石英砂岩地貌景观（湖南武陵源）

和凝灰岩等）以及石英和长石碎屑组成，常含大量黏土杂基（15%～40%），经成岩作用和初级变质后，黏土杂基通常变为伊利石、绢云母和绿泥石的集合体。碎屑颗粒分选差、圆度低，呈杂基支撑。常发育某些典型原生沉积构造，如槽模、粒序层理等。各种碎屑的含量变化很大，如石英可有5%～40%的变化，岩屑亦可达30%～40%，长石有时可超过岩屑。碎屑组分有三类：第一类为火成岩和高级变质岩矿物，主要为石英和长石，伴有辉石、角闪石等；第二类为变质岩和沉积岩屑，后者常为燧石岩屑；第三类为基性熔岩和凝灰岩岩屑，其中富含细碧类岩屑。硬砂岩有两种类型：岩屑硬砂岩和长石硬砂岩。硬砂岩的化学成分特点是富含Al_2O_3、FeO、MgO及Na_2O。Na_2O含量与钠长石有关，MgO和FeO是由杂基中富镁铁绿泥石所致。$Na_2O > K_2O$、$MgO > CaO$、$FeO > Fe_2O_3$是硬砂岩与长石砂岩在化学成分上的区别。硬砂岩在地质记录中，特别是在较老地层中是丰富的，成为复理石层系的重要组成部分，经常和海相页岩及板岩成互层，并与水下熔岩流和燧石岩相共生。在碰撞造山带，它们常富含钠长石或过渡为火山硬砂岩。在张裂大陆边缘的硬砂岩以富含岩屑为特征。硬砂岩主要是海相的，代表造山带的产物，在稳定的克拉通地区通常没有硬砂岩。但在中国中新生代陆相地层中却存在大量硬砂岩，它们富含岩屑，特别是火山岩屑，产于中新生代的大陆裂谷湖盆中。

粉砂岩是粒径为0.0625～0.0039毫米的粉砂占全部碎屑50%以上的碎屑岩。按颗粒大小，粉砂岩又可分为粒径为0.0625～0.015毫米的粗粉砂岩和粒径为0.015～0.0039毫米的细粉砂岩。粉砂岩的主要碎屑成分是石英，还有长石、云母、绿泥石、黏土矿物和多种重矿物，很少岩屑。粉砂岩中的碎屑颗粒一般为棱角状，圆化的少见，这是因为颗粒太小，不易磨圆。填隙物常为泥质及钙质或铁质。粉砂岩常具薄的水平层理及显微水平层理，以及小型沙纹状交错层理、包卷层理等。粉砂岩形成于弱的水动力条件下，常堆积于潟湖、湖泊、沼泽、河漫滩、三角洲和海盆地环境。

粉砂岩

泥质岩

粒径小于0.0039毫米的细碎屑含量大于50%、并含有大量黏土矿物的沉积岩。又称黏土岩。疏松的称为黏土，固结的称为泥岩和页岩。泥质岩是分布最广的一类沉积岩。地球表面大陆沉积物中的69%是页岩，在整个地质时期所产生的沉积物中，页岩占80%。因此，泥质岩的系统研究，对地壳物质成分的演化，追溯地壳表层的发展史，推论古沉积环境都非常重要。大多数泥质岩是母岩风化产物中的细碎屑，呈悬浮状态被搬运到水盆地中，以机械方式沉积而成。由铝硅酸盐矿物的分解产物在原地堆积或在水盆地中通过胶体凝聚作用而形成的泥质岩比较少见。因此，从形成机理来看，泥质岩应属于陆源碎屑岩。

泥质岩的物理性质，如可塑性、耐火性、烧结性、吸附性、吸水性等被广泛应用于各种工业中。在黑色页岩、碳质页岩中，发现了含镍、铝、钒、铅、铂、钯、铈、钇等元素的矿床。

泥质岩主要由黏土矿物组成，其次为碎屑矿物如石英、长石，少量自生非黏土矿物（包括铁、锰、铝的氧化物和氢氧化物、碳酸盐、硫酸盐、硫化物、硅质矿物），以及一些磷酸盐等。此外，还含有不定量的有机质。黏土矿物主要包括高岭石族、蒙脱石族和伊利石族矿物。它们的晶体结构、化学成分、物理性质均不相同，其成因也各异。高岭石是在雨量充沛排水良好和酸性水中形成的，为热带和亚热带的典型产物。蒙脱石通常由火山玻璃蚀变而来，常见于碱性土壤中。在埋藏成岩作用中，蒙脱石将转变成伊利石。伊利石是数量最多的黏土矿物，大部分来源于先成页岩，也是深埋页岩的主要组分，其中伊利石常与绿泥石共生。

泥质岩的化学成分主要取决于它的矿物成分和吸附离子

的成分和含量。泥质岩的化学成分以 SiO_2、Al_2O_3 和 H_2O 为主。页岩的平均化学成分含量（%）为：SiO_2 58.10，Al_2O_3 15.40，Fe_2O_3 4.02，FeO 2.45，MgO 2.44，CaO 3.11，Na_2O 1.30，K_2O 3.24，CO_2 2.63，C 0.80，H_2O 5.00。

泥质岩常见结构有：①泥质结构，主要由小于 4 微米的颗粒组成，因而岩石致密均一。当含粉砂和砂时，则形成各种过渡类型结构，如粉砂泥质结构、砂泥质结构等。②鲕粒和豆粒结构，黏土质点围绕核心凝聚而成，直径小于 2 毫米的称鲕粒，大于 2 毫米的称豆粒，常见于胶体成因的黏土岩中。③同生砾屑结构，黏土物质沉积后，尚未完全固结，受到流水冲刷形成砾屑，又被黏土物质胶结而成。黏土岩的构造分宏观构造和显微构造。宏观构造中最显著的是由于黏土矿物的定向排列所呈现出的剥裂性，在页岩中最常见。常见的显微构造有：由极细小的鳞片状黏土矿物杂乱分布而成的鳞片构造，多见于泥岩中；由纤维状黏土矿物错综交织而成的毡状构造和由片状黏土矿物定向排列而成的定向构造。常在静水环境中形成，也可以是压实作用的结果。

泥质岩的主要岩类有下列几种：①高岭石黏土（岩），又称高岭土，因首先发现于中国江西景德镇附近的高岭村而得名。主要由高岭石组成，质纯者其含量可达 90% 以上，其次是埃洛石和伊利石，混入物有石英、长石、云母、黄铁矿、菱铁矿和有机质等。岩石多呈白、灰等色。致密块状或疏松土状，有滑腻感，可塑性低，黏结性小，耐火度高。主要作造纸、橡胶、耐火和陶瓷工业的原料。高岭石黏土（岩）可分为风化残积型和沉积型。风化残积型的著名产地有江西景德镇、湖南衡阳等地；沉积型的可由 SiO_2 和 Al_2O_3 胶体在酸性介质中凝聚而成，也可由风化残积型高岭土（岩）的侵蚀破坏产物，以机械方式而成。中国晚古生代和部分中生代含煤岩系中沉积型高岭土（岩）的储量远大于风化残积型高岭土（岩），著名产地有河北唐山、山东淄博等地。中国许多煤田中发现有一种高岭石泥岩，是一种优质高岭土矿床。在高岭石泥岩中，发现了高温石英、透长石以及自形锆石、磷灰石和褐色黑云母等矿物，结合其地质产状，使人们相信，火山灰降落，后经蚀变是这类高岭石泥岩的形成机理。②蒙脱石黏土（岩），主要由蒙脱石组成，常含少量白云母、绿泥石、碳酸盐矿物、石膏、有机质以及未分解的火山凝灰物质等。岩石常呈白、粉红、淡绿、浅黄等色。吸水性、可塑性和黏结性强。按其工

高岭岩

艺性能和用途，又分为膨润土（又称斑脱岩）和漂白土。膨润土是一种以蒙脱石为主要成分的黏土，具有极强的吸水性，吸水后体积可膨胀 10 ～ 30 倍，还具有很强的阳离子交换性能。按化学成分可分为钠基膨润土和钙基膨润土。漂白土是一种胶质黏土，成分与膨润土相似，但钙多、钠少，吸附性能强，在精炼石油产品及精制矿物油和植物油时，作为脱色剂或漂白剂。中国主要产地有吉林舒兰，浙江余杭、临安，江苏江宁，新疆托克逊等地。蒙脱石黏土（岩），是在碱性介质（pH ＝ 7 ～ 8.5）中，由凝灰岩或玻璃质喷出岩在海水或地下水的作用下的分解产物，堆积于原地或沉积于湖泊、海湾以及深海中而成。③伊利石黏土（岩），是以伊利石为主的分布最广的一类黏土（岩），但经常含有其他黏土矿物，以及石英、长石、云母等碎屑和有机质。岩石常呈灰、黄褐等色，水平层理发育。由于常含较多杂质，一般仅作粗陶瓷制品及制砖瓦原料。伊利石黏土（岩）在大陆及海洋环境中均可生成。地层时代越老，其相对含量也越高，这与成岩作用有关。④泥岩和页岩，泥岩是块状的不具纹理或页理的泥质岩，页岩是具纹理或页理的泥质岩。这两种岩石的成分以伊利石为主，此外常含其他黏土矿物和一些碎屑矿物及某些自生矿物。按混入物的化学成分，又可划分：含 $CaCO_3$（小于 25%）的钙质泥岩或钙质页岩；含铁离子铁质泥岩或铁质页岩；富含 SiO_2（含量可达 85%以上）的硅质泥岩或硅质页岩；含大量碳化有机质的，碳质泥岩或碳质页岩；含较多有机质和细分散的硫化铁而显黑色的黑色泥岩或黑色页岩。黑色页岩中常有各种金属元素，有时达工业品位。富含生物，可成生油岩系。黑色页岩是在不寻常的缺氧条件下形成的。含一定数量干酪根（大于 10%）的页岩，称为油页岩，可从中提取若干有用气体和焦油。

泥质岩在成岩阶段主要发生压实作用和矿物成分的转变。软泥中富含水，多者达总体积的 70%～90%。在上覆地层的压实作用下，排出大部分的水。因此，在埋深 1000 米左右，泥质沉积物仅含 30%的水，此时已形成泥质岩。随着埋深加大，发生不同程度的脱水作用，最后泥质岩中只剩下百分之几的水。矿物成分的转变主要是由于埋深增加而温度逐渐升高所致，蒙脱石在地温 75～95℃时开始变成混层黏土（如蒙脱石 - 伊利石），地温增至 150℃以上时，逐渐转化为伊利石和绿泥石。在 100℃以上时，当孔隙溶液中［K^+］/［H^+］比值升高时，高岭石转变成伊利石。当过渡到初始变质（温度为 200～300℃，压力为 1×10^8～2×10^8 帕）时，可出现叶蜡石和浊沸石。随着初始变质程度的加强和继之而来的低级变质作用，最后，伊利石被绢云母和绿泥石代替。因此，研究黏土矿物在成岩作用中的转变，可以提供重要的地热信息，指示石油的生成、保存和煤级的变化。

碳酸盐岩

沉积形成的碳酸盐矿物组成的岩石的总称。主要为石灰岩和白云岩两类。碳酸盐岩和碳酸盐沉积物从前寒武纪到现代均有产出，分布极广，约占沉积岩总量的20%～25%。碳酸盐岩本身就是有用矿产，如石灰岩、白云岩及菱铁矿、菱锰矿、菱镁矿等，广泛用于冶金、建筑、装饰、化工等工业。碳酸盐岩中可储集有丰富的石油、天然气和地下水。世界上碳酸盐岩型油气田储量占总储量的50%，占总产量的60%。与碳酸盐岩共生的固体矿产有石膏、岩盐、钾盐及汞、锑、铜、铅、锌、银、镍、钴、铀、钒等。

矿物成分

主要由文石、方解石、白云石、菱镁矿、菱铁矿、菱锰矿组成。现代碳酸钙沉积主要由文石、高镁方解石及少量低

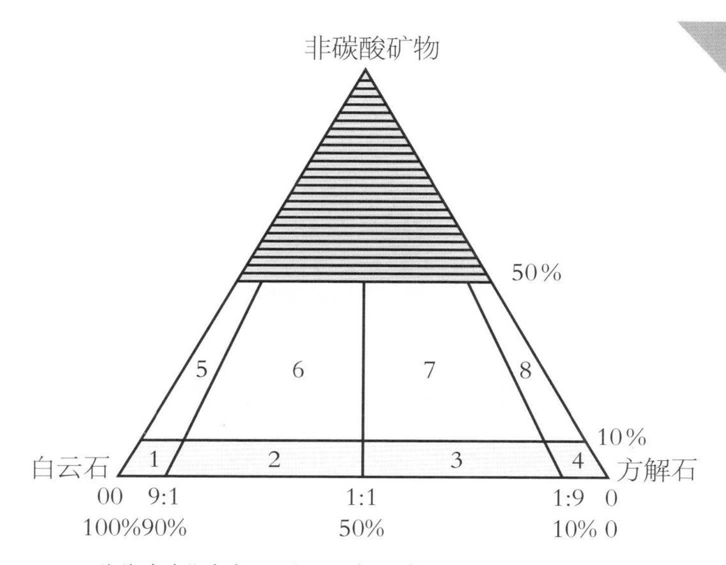

碳酸盐岩成分分类三角图

镁方解石组成。低镁方解石最稳定，文石次之，高镁方解石最不稳定。后两者在沉积后易转变成低镁方解石。因此，古代岩石中的碳酸盐矿物多是低镁方解石及白云石。碳酸盐矿物的结晶习性和晶体特征与形成环境有关。碳酸盐岩中混入的非碳酸盐成分有：石膏、重晶石、岩盐及钾镁盐矿物等，此外还有少量蛋白石、自生石英、海绿石、磷酸盐矿物和有机质。常见的陆源混入物有黏土、碎屑石英和长石及微量重矿物。陆源矿物含量超过50%时，则碳酸盐岩过渡为黏土岩或碎屑岩。

结构

包括下列四种：①粒屑结构，一般是经过波浪、潮汐和水流等作用或重力流作用的搬运、沉积与成岩而成的碳酸盐岩常具有的结构，其由粒屑（或颗粒）、泥晶基质（或灰泥杂基）、亮晶胶结物构成。盆内颗粒有内碎屑、骨粒、鲕粒与豆粒、核形石、团粒及团块等。内碎屑按粒径大小分为：砾屑（＞2毫米）、砂屑（2～0.062毫米）、粉屑（0.062～0.032毫米）、微屑（0.032～0.004毫米）和泥屑（＜0.004毫米）。砾屑的排列方位、粒度组成和分选性是分析碳酸盐沉积物沉积环境的重要标志。由核心体和碳酸盐沉积物同心层组成的粒径小于2毫米的球形或椭球形的颗粒为鲕粒。鲕粒形成于动荡的高能浅水，如浅滩、潮汐沙坝等。由富藻纹层围绕核心体组成的包粒为核形石（藻包粒），形成于中等高能浅水环境。由泥晶碳酸盐矿物组成、不具内部构造、表面光滑的球状、椭球状颗粒称球粒或团粒，是生物作用使灰泥球粒化而成的，常出现于潮坪之中。外形不规则的复合颗粒集合体为团块及凝聚颗粒等。骨粒包括钙质生物骨屑与化石，其显微结构，按方解石（文石）晶体的空间形成，分为由光性方位不一致的三向大致等轴的粒状方解石（文石）集合体组成的粒状结构，广泛见于低等生物中；由平行或放射状排列，一向延长的细柱或纤状方解石（文石）晶体组成的纤（柱）状结构，为刺胞动物、节肢动物、轮藻藏卵器的主要结构；由厚度小于 1 ～ 2 微米、近于平行的方解石（文石）薄片叠积而成的片状结构，常见于软体动物、腕足类、苔藓虫或蠕虫栖管中；全部或局部由一致消光的方解石单一晶体或双晶组成的单晶结构，是棘皮动物的主要特征。钙质生物化石的显微结构有从粒状—纤（柱）状—片状—单晶结构的演化趋势。生物的类型与丰度、生物颗粒的大小、分选与磨圆，可提供重要的环境标志。泥晶基质，主要由微晶方解石（原始沉积为文石）组成，粒度小于 0.03 毫米，是与颗粒一起沉积的。泥晶基质的存在，表明沉积物沉积环境的水动力较弱。微晶方解石可由颗粒经机械磨蚀作用提供、生物遗体解离出来、$CaCO_3$ 过饱和溶液化学沉淀而成。亮晶方解石胶结物，亦称亮晶胶结物，是粒间孔隙之中化学沉淀的方解石，粒度大于 0.03 毫米。由亮晶方解石胶结的粒屑结构，说明颗粒是在水动力较强的高能环境中沉积而成的。②生物骨架结构，指原地生长的群体生物，如珊瑚、苔藓虫、海绵、层孔虫等坚硬钙质骨骼所形成的格架。另外，一些藻类，如蓝藻和红藻，其黏液可以黏结其他碳酸盐组分，形成黏结骨架。③晶粒结构，根据碳酸盐矿物晶粒绝对大小可分为巨晶、极粗晶、粗晶、中晶、细晶、极细晶、微晶和泥晶。也可根据晶粒自形程度分为自形晶、半自形晶和它形晶。④残余结构，是由于交代作用或重结晶作用不彻底，在白云石化灰岩及重结晶灰岩中常具有石灰岩的各种残余结构。如残余鲕状结构、残余生物结构、残余内碎屑结构等。

除上述结构外，碳酸盐岩还发育孔隙结构，包括：①原生孔隙，形成于沉积同生阶段，如粒间孔隙、遮蔽孔隙、体腔孔隙、生物钻孔、窗格和层状空洞等；②次生孔隙，形成于成岩及后生作用的溶解改造，如粒内、铸模、晶间及其他溶蚀孔隙。

沉积构造

包括生物成因构造和特殊构造：①生物成因构造，如由蓝绿藻形成的叠层构造，表现为富藻纹层与富碳酸盐纹层交互叠置。不同类型的叠层构造可反映形成环境的水动力条件的强弱；由生物活动形成的各种虫孔和虫迹构造，可指示生物特征及活动情况。②特殊构造，如毫米级大小的、常呈定向排列的、多为方解石或硬石膏充填的形似鸟眼的鸟眼构造，主要出现于潮上带；碳酸盐沉积物充填在碳酸盐岩孔隙中形成的示顶底构造，表现为孔隙下部首先充填暗色的泥晶或粉晶方解石，其后上部为浅色的亮晶方解石或盐类矿物充填，二者界面平直，并平行于水平面，此构造可判断岩层顶部。岩层断面上呈锯齿状曲线（缝合线），它在平面上是一个起伏不平的面。一般认为缝合线是在压溶作用下形成的。还有与碎屑岩相似的构造。

主要类型

①成分分类，采用白云石、方解石和非碳酸盐矿物的三端员图解，将碳酸盐岩分为 8 种类型。②结构成因分类，可将碳酸盐岩分成亮晶颗粒灰岩、泥晶颗粒灰岩、泥晶灰岩（正常化学岩）、原地礁灰岩、交代白云岩等类型。

成因

碳酸盐岩是自然界中重碳酸钙溶液发生过饱和，从水体中沉淀形成。现代和古代碳酸盐沉积主要分布于低纬度带无河流注入的清澈而温暖的浅海陆棚环境以及滨岸地区。这是因为碳酸盐过饱和沉淀需要排出 CO_2 气体，海水温度升高和海水深度变小都有利于水中 CO_2 分压降低，促进重碳酸钙过饱和沉淀。另外，温暖浅海环境，生物发育，藻类光合作用均需要吸收 CO_2，也促进 $CaCO_3$ 的饱和和沉淀。底栖和浮游生物还通过生物化学和生物物理作用直接建造钙质骨骼，形成生物碳酸盐岩。机械作用在碳酸盐岩形成中占有重要位置。在浅海带中一经沉淀的碳酸盐沉积物就受到水动力带能量的改造、簸选和沉积分异，形成以机械作用为主的碳酸盐颗粒滩、坝沉积体。同时，波浪、潮汐流、风暴流搅动海盆地，促使海水中 CO_2 迅速释放，由新鲜的水流带来充分的养料，加速生物繁殖，因而使碳酸盐沉积。

在有陆源沉积物输入的浅海盆地，碳酸盐沉积受到排斥和干扰，形成不纯的泥质和砂质碳酸盐岩。在有障壁的潟湖和海湾，常常因海水中 Mg^{2+} 浓度增加，形成高镁碳酸盐岩和白云岩。在大陆湖泊碳酸盐岩中的颗粒中也可有内碎屑、鲕粒陆生生物骨粒等。淡水的河流、湖泊和泉水中，有一些皮壳状的碳酸盐岩如钙泉华、石灰华。在干旱或半干旱区，碳酸盐过饱和时常常形成钙结岩。

石灰岩

主要由方解石组成的碳酸盐岩。简称灰岩。常见的沉积岩。古代石灰岩则是由低镁方解石组成。石灰岩成分中经常混入有白云石、石膏、硬石膏、菱镁矿、黄铁矿、蛋白石、玉髓、石英、海绿石、萤石、磷酸盐矿物等。此外还常含有黏土、石英碎屑、长石碎屑和其他重矿物碎屑。现代碳酸钙沉积物由文石、高镁方解石组成。

石灰岩的分类主要有两种：一种是化学成分的分类，多被化工等部门采用；另一种是结构多级分类，多被地质、石油等部门采用。

20 世纪 50 年代末至 60 年代初提出的石灰岩结构分类主要有：①福克分类，该分类是以异化颗粒、泥晶基质、亮晶胶结物为三角图的三端员组成，将石灰岩划分为亮晶粒屑灰岩、泥晶粒屑灰岩和以泥晶方解石为主的泥晶灰岩。此外还划分出原地礁灰岩和重结晶灰岩。②顿哈姆的结构分类，是以颗粒和泥晶（或灰泥）为两端员组分的分类。将石灰岩分为4类，即颗粒灰岩、泥晶质颗粒灰岩、颗粒质泥晶灰岩、泥晶灰岩。③中国学者的结构成因分类方案。

按结构成因石灰岩主要分为以下类型：①颗粒灰岩。由颗粒组分形成的石灰岩。大部分颗粒组分如内碎屑、骨屑、鲕粒以及部分团粒和团块都是明显经过水流搬运作用形成的，但是一部分团粒、团块的形成并没有水流作用。因此，有人主张用异化粒表示此类石灰岩。内碎屑灰岩和鲕粒灰岩通常由亮晶胶结，主要堆积于高能环境，如波浪和水流作用很强的开阔滨浅海陆棚区的沙嘴、沙坝、浅滩等沉积单元。团粒灰岩等一般堆积在低至中等能量环境中，如广阔的潮坪及相邻的潟湖。②泥晶灰岩。由无黏结作用的泥晶方解石组成的石灰岩。现代海相碳酸盐泥沉积物简称灰泥，其可由碳酸盐颗粒磨蚀成的最细的产物组成；也可由藻类死亡解体，释放的大量文石针沉积物组成；还可由从水体中化学沉淀出来的细晶（泥晶）沉淀物组成。它们都属于静水和低能带环境的产物。③叠层灰岩。主要由分泌黏液的藻类（蓝、绿藻），通过捕集、黏结碳酸盐颗粒物质形成的岩石。因为它不是靠石化钙藻形成的，所以又称隐藻黏结灰岩。一般具有水平叠层构造的叠层灰岩主要产出于潮上和潮间低能环境。具有柱状叠层构造的叠层灰岩生成环境的水动能较强，主要是潮间带下部及潮下带上部的产物。④凝块灰岩。为无隐藻纹层的凝块状石灰岩。隐藻凝块体虽无内部纹层，但是具有叠层石的宏观外貌和类似向上生长的构造。与叠层灰岩相比，表面粗糙而欠光滑，常呈疙瘩状、皱纹状或麻点状。凝块的内部显微组构为不均匀云雾状和海绵状，偶尔显不清楚的同心纹层。有时在凝块中有少量钙藻（葛万藻、附枝藻）微细丝状体，并含少量碎屑颗粒。凝块之间有亮晶方解石、细粒方解石沉积物充填。凝块灰岩的产出环境比较宽广，从潮间带至较深的潮下带。⑤骨架灰岩。又称生物礁灰岩。一种造骨架的碳酸盐生物构筑体。骨架将碳酸岩沉积物黏在一起，形成固定在海底上的坚硬的具有抗浪性的碳酸盐岩礁。造骨架的生物有珊瑚、石枝藻、层孔虫、窗格状的苔藓虫和厚壳蛤类等，并形成不同的生物骨架灰岩。古代的骨架灰岩随着地质历史和生物演化而变化。每一个时期都有它特有的组合：寒武纪以古杯和钙藻为主；中、晚奥陶纪以苔藓虫、层孔虫、板状珊瑚为主；志留纪和泥盆纪以层孔虫、板状珊瑚为主；晚三叠纪和晚侏罗纪以珊瑚、层孔虫为主；晚白垩纪以厚壳蛤类为主；渐新世、上新世和更新世以六射珊瑚为主。骨架灰岩通常在海底形成一个隆起，超出于同期沉积物。隆起块体有点礁、礁丘、环礁、层状礁等，其形成和规模，决定于海水深度、温度、地形、盆地的升降速度以及海进海退变化等。

石灰岩形成的石林
（云南石林）

⑥白垩。一种细粒白色疏松多孔易碎的石灰岩，质极纯，其 $CaCO_3$ 含量大于 97%，矿物成分主要为低镁方解石，可含少量黏土矿物及细粒石英碎屑，生物组分主要是颗石藻（2～25 微米）和少量钙球。白垩生成于温暖海洋环境，其沉积深度从几十米到几百米。⑦结晶灰岩。泛指由结晶方解石或重结晶方解石组成的石灰岩。大部分结晶灰岩都是原生石灰岩经成岩重结晶作用改变了原生颗粒组分和生物黏结组分而形成的。因此，大部分结晶灰岩就是重结晶灰岩。重结晶灰岩

石灰岩形成的峰林（广西桂林）

可以不同程度的保留变余的原始结构构造特征。结晶灰岩也有原生的，如大陆地表泉水、岩洞或河水由蒸发作用形成的石灰华和钙泉华。石灰华是一种致密的带状钙质沉淀物，通常呈不规则块状构造的钟乳石和石笋，发育有从溶液中依次沉淀的方解石或文石晶体所组成的皮壳状纹层，多产出于石灰岩洞穴表面。钙泉华专指地表上海绵状多孔疏松的方解石或文石晶体沉淀物，多呈树枝状、放射状或半球状等构造特征，内部常保留有植物茎、叶的痕迹，产出于温泉、裂隙水出露的地表。⑧钙结岩。一种发育于干旱或半干旱地区土壤和细砂中的富石灰质沉积物，呈同心环带的似枕状体。

石灰岩的构造有叠层构造、鸟眼构造、缝合线构造等。

石灰岩主要用于混凝土骨料和铺路基石，制造水泥和石灰，冶金工业中作熔剂，环保中用于软化饮用水及污水处理，农业中作土壤调节剂、家禽饲料添加剂，还可用于轻工、化工、纺织、食品等工业。由于石灰岩易溶蚀，在石灰岩发育地区，常形成石林、溶洞等优美风景区，如中国贵州、广西、云南、湖南等省区，是宝贵的旅游资源。

第六章

变质岩岩石学

变质岩

组成地壳的三大岩石类型之一。火成岩或沉积岩受变质作用形成的岩石，约占地壳总体积的27%。在变质作用中，由于温度、压力、应力和具有化学活动性流体的影响，在基本保持固态条件下，原岩的化学成分、矿物成分和结构构造发生不同程度的变化。变质岩的主要特征是这类岩石大多数具有结晶结构、定向构造（如片理、片麻理等）和由变质作用形成的特征变质矿物如红柱石、蓝晶石、十字石、堇青石、蓝闪石、硬柱石等。

化学成分

变质岩的化学成分与原岩的化学成分有密切关系，同时与变质作用的特点有关。在变质岩的形成过程中，如无交代作用，除 H_2O 和 CO_2 外，变质岩的化学成分基本取决于原岩的化学成分；如有交代作用，则既决定于原岩的化学成分，也决定于交代作用的类型和强度。变质岩的化学成分主要由 SiO_2、Al_2O_3、Fe_2O_3、FeO、MnO、CaO、MgO、K_2O、Na_2O、H_2O、CO_2 以及 TiO_2、P_2O_5 等氧化物组成。由于形成变质岩的原岩不同、变质作用中各种性状的具化学活动性流体的影响不同，因此变质岩的化学成分变化范围往往较大。例如，在岩浆岩（超基性岩 - 酸性岩）形成的变质岩中，SiO_2 含量多为 35％～78％；在沉积岩（石英砂岩、硅质岩）形成的变质岩中，SiO_2 含量可大于 80％；而原岩为纯石灰岩时，则可降低至零。

矿物成分

变质岩除含有石英、长石、云母、角闪石、辉石、碳酸盐类等主要造岩矿物外，与岩浆岩和沉积岩相比，变质岩中常出现铝的硅酸盐矿物（红柱石、蓝晶石、夕线石），复杂的钙镁铁锰铝的硅酸盐矿物（石榴子石类），铁镁铝的铝硅酸盐矿物（堇青石、十字石等），纯钙的硅酸盐矿物（硅灰石等）及主要造岩矿物中的某些特殊矿物（蓝闪石、绿辉石、文石、硬玉、硬柱石等）。变质岩的矿物成分，决定于原岩成分和变质条件（温度、压力等）。如原岩为硅质石灰岩，主要成分为 $CaCO_3$ 和 SiO_2，经变质作用可能出现的矿物是：石英、方解石、硅灰石、甲型硅灰石、灰硅钙石等。而变质条件则决定一定的原岩经变质作用后，具体出现什么矿物或矿物组合，如原岩为硅质石灰岩，在热接触变质作用中，如压力为 10 帕、温度低于 470℃时，形成石英和方解石；当温度高于 470℃时，则形成方解石和硅灰石或石英和硅灰石。在变质岩中，把具有同一原始化学成分而矿物共生组合不同的所有变质岩，称为等化学系列；而把在同一变质条件下形成的具有不同矿物共生组合的所有变质岩，称为等物理系列。在有交代作用的情况下，变质岩的矿物成分，除决定于原岩和变质条件外，还与交代作用的性质和强度有关。

变质岩的矿物成分，按成因可分为：稳定矿物、不稳定矿物（残余矿物）。不稳定矿物和稳定矿物之间，常具有明显的置换关系。根据矿物稳定范围，变质岩的矿物成分还可分为：①特征矿物，稳定范围较窄，反映变质条件比较灵敏的矿物，如绢云母、绿泥石、蛇纹石、浊沸石、绿纤石等，常为低级变质矿物；蓝晶石、十字石（中压）、红柱石、堇青石（低压），常为中级变质矿物；紫苏辉石、夕线石，常为高级变质矿物；蓝闪石、硬柱石、硬玉、文石，常为高压低温矿物等。②贯通矿物，可以在较大范围的温度、压力条件下形成和存在的矿物，如石英、方解石，当这类矿物单独出现时，一般不具有指示变质条件的意义。

结构构造

变质岩的结构是指变质岩中矿物的粒度、形态及晶体之间的相互关系，而构造则指变质岩中各种矿物的空间分布和排列方式。

变质岩结构按成因可划分为下列各类：①变余结构，由于变质结晶和重结晶作用不彻底而保留下来的原岩结构的残余。如变余砂状结构、变余辉绿结构、变余岩屑结构等，根据变余结构，可查明原岩的成因类型。②变晶结构，岩石在变质结晶和重结晶作用过程中形成的结构，如粒状变晶结构、鳞片变晶结构等。按矿物粒度的大小、相对大小，可分为粗粒（＞3毫米）、中粒（1～3毫米）、细粒（＜1毫米）和等粒、不等粒、斑状变晶结构等；按变质岩中矿物的结晶习性和形态，可分为粒状、鳞片状、纤状变晶结构等；按矿物的交生关系，可分为包含结构、筛状结构、穿插变晶结构等。变晶结构是变质岩的主要特征，是成因和分类研究的基础。③交代结构，由交代作用形成的结构，如交代假像结构，表示原有矿物被化学成分不同的另一新矿物所置换，但仍保持原来矿物的晶形甚至解理等内部特点；交代残留结构，表示原有矿物被分割成零星孤立的残留体，包在新生矿物之中，呈岛屿状；交代条纹结构，表示钾长石受钠质交代，沿解理呈现不规则状钠长石小条等。交代结构对判别交代作用特征具有重要意义。④碎裂结构，岩石在应力作用下，发生碎裂、变形而形成的结构，如碎裂结构、碎斑结构、糜棱结构等。原岩的性质、应力的强度、作用的方式和持续的时间等因素，决定着碎裂结构的特点。

变质岩构造按成因分为：①变余构造，指变质岩中保留的原岩构造，如变余层理构造、变余气孔构造等；②变成构造，指变质结晶和重结晶作用形成的构造，如板状、千枚状、片状、片麻状、条带状、块状构造等。

分类

按变质作用类型和成因，把变质岩分为下列岩类。①区域变质岩，由区域变质作用所形成，如板岩、千枚岩、片岩、片麻岩、绿片岩、角闪岩、麻粒岩、榴辉岩、蓝闪石片岩等。②热接触变质岩，由热接触变质作用所形成，如斑点板岩、角岩等。③接触交代变质岩，由接触交代变质作用所形成，如各种夕卡岩。④动力变质岩，由动力变质作用所形成，如压碎角砾岩、碎裂岩、碎斑岩、糜棱岩等。⑤气液变质岩，由气液变质作用形成，如云英岩、次生石英岩、蛇纹岩等。⑥冲击变质岩。由冲击变质作用所形成。在每一大类变质岩中可按等化学系列和等物理系列的原则，再做进一步划分。原岩类型和变质作用性质是变质岩分类的两个主要基础，但原岩类型的复杂性和变质作用类型的多样性，给变质岩的分类带来许多困难。以变质作用产物的特征（变质岩的矿物组成、含量和结构构造）进行分类，是主要趋势。

分布

变质岩在地壳内分布很广，大陆和洋底都有，在时间上从太古宙至现代均有产出。在各种成因类型的变质岩中，区域变质岩分布最广，其他成因类型的变质岩分布有限。区域变质岩主要出露于各大陆的前寒武纪地盾和地块及显生宙各时代的变质活动带（通常与造山带紧密伴生）。区域变质岩在地盾和地块上的出露面积很大，常为几万至几十万平方千米，有时可达百万平方千米以上，约占大陆面积的18%。前寒武纪地盾和地块通常组成各大陆的稳定核心，而古生代及以后的变质活动带，常常围绕前寒武纪地盾或地块，呈线形分布，如加拿大地盾东面的阿巴拉契亚造山带、波罗的地盾西北面的加里东造山带、俄罗斯地块南面的华力西造山带和阿尔卑斯造山带等。有些年轻的变质活动带往往沿大陆边缘或岛弧分布，这在太平洋东岸和日本岛屿表现明显，它们的分布表明大陆是通过变质活动带的向外推移而不断增长的。在另一些情况下，变质活动带也可斜切古老结晶基底而分布，它们代表大陆经解体而形成的陆内造山带。20 世纪 60 年代以来，还发现在大洋底部的沉积物和玄武质岩石之下，有变质的玄武岩、辉长岩等岩石的广泛分布，它们是由洋底变质作用形成的。由岩浆侵入引起的各种接触变质岩石，仅局限于侵入体周围，分布面积有限，但分布的地区却十分广泛，在不同地质时期和构造单元内均有产出。由碎裂变质作用形成的各种碎裂变质岩，分布更有限，它们严格受各种断裂构造的控制。变质岩在中国的分布也很广，华北地块和塔里木地块主要由前寒武纪早期的区域变质岩和混合岩组成，并构成了中国大陆的古老核心。震旦纪以后的变质活动带则围绕或斜切地块呈线形分布。

矿产

变质岩分布区矿产丰富，世界上发现的各种矿产，变质岩系中几乎都有。许多特大型矿床，如金、铁、铬、镍、铜、铅、锌、滑石、菱镁矿等，主要分布于前寒武纪变质岩中，其成因大多与变质岩的形成有关。其他如与夕卡岩有关的铁矿床、铜铅锌等多金属矿床，与云英岩有关的钨锡钼铋铍钽矿床等，也与变质岩的形成有关。

变质作用

原先存在的岩石受物理和化学条件变化的影响，改变其结构、构造和矿物成分，从而变成为一种新的岩石的转变过程。变质作用绝大多数与地壳演化进程中地球内部的热流变化、负荷压力和构造应力等因素密切有关，少数可由陨石冲击地球表面的岩石所产生。变质作用是在岩石基本上保持固体状态下进行的。地表的风化作用和其他外生作用所引起岩石的变化，不属于变质作用。从早太古宙至现代，都有变质作用发生。在非洲和苏联测得侵入变质岩中的岩浆岩的年龄为35亿年，在中国的冀东地区测得斜长角闪岩的年龄为35亿年，在格陵兰测得变质岩的年龄为38亿年，说明在早太古宙时期，已有变质作用发生。在现代岛弧底部和大洋中脊，由于有较高的地热梯度，也正在发生变质作用。

变质作用的方式

主要包括下列几种：①重结晶作用，在原岩基本保持固态条件下，同种矿物的再结晶，使粒度加大或减小，但不形成新的矿物相的作用。如石灰岩变质成为大理岩。②变质结晶作用，在原岩基本保持固态条件下，原有矿物发生部分分解或全部消失，同时形成新的矿物的过程。这种过程一般是通过特定的化学反应来实现的，又称为变质反应。在矿物相的变化过程中，多数情况是各种组分发生重新组合。③变质分异作用，成分均匀的原岩经变质作用后，形成矿物成分和结构构造不均匀的变质岩的作用。如在角闪质岩石中形成以角闪石为主的暗色条带和以长英质为主的浅色条带。④交代作用，有一定数量的组分被带进和带出，使岩石的总化学成分发生不同程度的改变的成岩成矿作用。岩石中原有矿物的分解消失和新矿物的形成基本同时，它是一种逐渐置换的过程。⑤变形和碎裂作用，在浅部低温低压条件下，多数岩石具有较大的脆性，当所受应力超过一定弹性限度时，就会碎裂。在深部温度较高的条件下，岩石所受应力超过弹性限度时，则出现塑性变形。

变质作用的因素

主要是温度、压力和具化学活动性的流体等。温度的改变是引起变质作用的主要因素，多数变质作用是在温度升高（一般温度范围为 200 ～ 900℃）的情况下进行的。热能主要有两种来源：地壳中放射性同位素衰变释放的和深部重力分异引发地幔热对流而产生的。

变质作用的压力范围一般为 0 ～ 2.5×10^9 帕以上。根据物理性质，压力分为岩石静压力、流体压力和偏应力。

在变质作用中，岩石中常存在少量流体相，且随变质程度的加强而减少。流体相的成分以水和二氧化碳为主，可含有其他易挥发组分。随着温度和压力的增大，其活动性也随之增强，一般可以起溶剂作用，促进组分溶解，并加强其扩散速度，从而促进重结晶和变质反应，也可以直接参与水化和脱水等变质反应。

上述变质作用因素不是孤立存在，通常是同时出现，互相配合又互相制约。此外，时间也是一个重要因素。某些造山带由于快速折返，退变质反应来不及破坏原来岩石的变质结构，留下许多残余矿物和结构，成为了解变质作用历史的好材料。

变质作用的类型

根据变质岩系产出的地质背景和规模，同时考虑大多数学者的习惯分法，可把变质作用分为局部性的和区域性的两大类别。局部性的变质作用包括下列前 6 个类型。区域性变质作用，一般规模巨大，主要呈面型分布，出露面积从几百到几千甚至上万平方千米，它可分为下列后 4 个主要类型。

接触变质作用一般是在侵入体与围岩的接触带，由岩浆活动引起的一种变质作用。通常发生在侵入体周围几米至几千米的范围内，常形成接触变质晕圈。一般形成于地壳浅部的低压、高温条件下，压力为 $10^7 \sim 3\times10^8$ 帕。近接触带温度较高，从接触带向外温度逐渐降低。接触变质作用又可分为 2 个亚类：①热接触变质作用，主要受岩浆侵入时高温热流影响而产生的一种变质作用。围岩受变质作用后主要发生重结晶和变质结晶，而化学成分无显著改变。②接触交代变质作用，在侵入体与围岩的接触带，围岩除受到热流的影响外，还受到具化学活动性的流体和挥发分的作用，发生不同程度的交代置换，原岩的化学成分、矿物成分、结构构造都发生明显改变，有时还伴生有一定规模的铁、铜、钨等矿产以及钼、钛、氟、氯、硼、磷、硫等元素的富集。

高热变质作用是指与火山岩和潜火山岩接触的围岩或捕虏体中发生的小规模高温变质作用。其特点是温度很高，压力较低和作用时间较短。围岩和捕虏体被烘烤退色、脱水，甚至局部熔化，出现少量玻璃质。有时生成硅镁钙石、斜硅钙石和硅钙石等高温矿物。

动力变质作用是与断裂构造有关的变质作用的总称。它们以应力为主，有的伴有大小不等的热流。可分为 3 个亚类：

①碎裂变质作用，岩层和岩石遭受断层错动时发生压碎或磨碎的一种变质作用，也有人称为动力变质作用（狭义的）、断错变质作用或机械变质作用。一般常发生于低温条件下，重结晶作用不明显，常呈带状分布，往往与浅部的脆性断裂有关。②韧性剪切带变质作用，可以有很大的宽度和长度。一般叠加在区域变质作用产物上的剪切变形往往伴有退化变质作用，其变质程度从低温绿片岩相至高温角闪岩相。③逆掩断层变质作用，主要影响断层下盘和一部分上盘岩石，断层上盘岩石发生快速退化变质作用，而下盘岩石产生快速的增压变质作用，随后又发生热调整使地热梯度缓慢升高，整个岩系相应地发生缓慢的进变质作用，最后岩系底部发生部分熔融并导致晚期侵入体的生成。

冲击变质作用是陨石以很大的速度（10～20千米/秒）降落于地球表面，在很短的时间内（10^{-3}～10^{-1}秒），给地球岩石以特大的冲击，使之发生强烈爆炸，产生瞬时高压（10^{11}～10^{14}帕）、极高温（≥10000℃）和释放出巨大能量，使冲击中心形成巨大的陨石坑。在坑中及其周围岩石中发生变质，生成各种冲击岩。

气液变质作用是具有一定化学活动性的气体和热液与固体岩石进行交代反应，使岩石的矿物和化学成分发生改变的变质作用。气水热液可以是侵入体带来的挥发分，或者是受热流影响而变热的地下循环水以及两者的混合物。在一定条件下，它们可改造岩石中的矿物，形成各种蚀变岩石，并使某些有用元素迁移、沉淀和富集。在气液变质强烈地段往往出现蚀变分带，有利于成矿，可作为一种普查找矿标志。

燃烧变质作用是煤层或天然易燃物由于氧化或外部原因使温度上升而引起燃烧，温度可达1600℃，影响范围可超过10平方千米。可使周围岩石产生重结晶或部分熔化，受变质的泥质或泥灰质沉积岩常裂成碎片或生成烧变岩。这是一种热源来自岩石自身的稀少热变质作用。中国新疆和山西大同的侏罗纪煤田，加拿大北部烟山的白垩系含油砂岩和页岩，都发生过这类变质作用。

区域中、高温变质作用主要见于太古宙地盾或克拉通，常发生在地壳演化的早期，它不同于元古宙以来活动带的变质作用。以单相变质的麻粒岩相和角闪岩相为主，呈面型分布，变质温度，麻粒岩相一般为700～900℃，角闪岩相一般为550～700℃，压力一般为（5～10）$\times 10^8$帕。重熔混合岩比较发育，英云闪长岩、奥长花岗岩和花岗闪长岩等分布广泛。紫苏花岗岩仅见于麻粒岩相区。构造上表现为穹窿和短轴背斜。中国的华北地台有广泛出露。

区域动力热流变质作用，有人称为造山变质作用。这是在区域性温度、压力和应力增高的情况下，固体岩石受到改造的一种变质作用，它往往形成宽度不等的递增变质带。此种变质作用在地理上以及成因上常与大的造山带有关，如欧洲苏格兰－挪威的加里东造山带，北美的阿巴拉契亚造山带，中国的祁连山造山带等。区域动热变质作用的形成温度可达 700℃，压力为（2 ～ 10）× 10^8 帕，岩石变质后具明显的叶理或片理。常伴有中酸性岩浆活动或区域性混合岩化作用。

埋藏变质作用又称埋深变质作用，也有人称静力变质作用、负荷变质作用或地热变质作用。它是地槽沉积物及火山沉积物随着埋藏深度的变化而引起的一种变质作用，岩石一般缺乏片理。形成温度较低，最高可能为 400 ～ 450℃。它的低温部分与沉积岩的成岩作用难以区别，这就是说原岩的结构往往得以保存，新生的矿物与残余矿物往往紧密共生。常见矿物如沸石类、葡萄石、绿纤石、叶蜡石、高岭石等。

洋底变质作用指大洋中脊附近洋壳的变质作用，由于洋底扩张，不断产生侧向移动，使这些变质岩移至正常的大洋盆中，覆盖了大面积的洋底。洋底变质岩大多为基性至超基性成分（玄武岩、橄榄岩等），一般不具片理，基本保留原有结构，其变质相主要是沸石相和绿片岩相。因而这些岩石与埋藏变质岩极为相似。不过洋底变质岩中含有大量热液脉，是海水受到加热产生环流所引起的。

第七章

变质岩类型

千枚岩

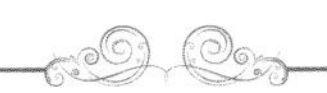

显微变晶片理发育面上呈丝绢光泽的低级变质岩。

典型的矿物组合为绢云母、绿泥石和石英，可含少量长石及碳质、铁质等物质。有时还有少量方解石、雏晶黑云母、黑硬绿泥石或锰铝榴石等变斑晶。常为细粒鳞片变晶结构，粒度小于0.1毫米，在片理面上常有小皱纹构造。原岩

千枚岩

为黏土岩、粉砂岩或中酸性凝灰岩，是低级区域变质作用的产物。因原岩类型不同，矿物组合也有所不同，从而形成不同类型的千枚岩。如黏土岩可形成硬绿泥石千枚岩；粉砂岩可形成石英千枚岩；酸性凝灰岩可形成绢云母千枚岩；中基性凝灰岩可形成绿泥石千枚岩等。千枚岩可按颜色、特征矿物、杂质组分及主要鳞片状矿物进一步划分为银灰色绢云母千枚岩、灰黑色碳质千枚岩及灰绿色硬绿泥石千枚岩等。千枚岩分布很广，可形成于不同地质时代。

片岩

完全重结晶、具有片状构造的变质岩。

片理主要由片状或柱状矿物（云母、绿泥石、滑石、角闪石等）呈定向排列构成。片柱状矿物含量较高，常大于30%。粒状矿物以石英为主，可含一定量的长石，一般少于25%。由于原岩类型和变质作用程度不同，可形成不同的片岩：①云母片岩。主要由云母、石英和中酸性斜长石组成，可出现富铝的变质矿物，如十字石、蓝晶石、铁铝榴石、堇青石及红柱石等。原岩可以是黏土岩、粉砂岩或中酸性火山岩，主要是中级区域变质作用的产物。②钙硅酸盐片岩。岩石中除云母、石英外，以含较多的钙、镁（铁）硅酸盐矿物和少量方解石为特征。原岩主要为泥灰质沉积岩及部分英安质和安山质火山碎屑岩。常为中低级区域变质作用的产物。③绿片岩。主要由绿泥石、绿帘石、阳起石、斜长石和石英组成，一般由基性火山岩经低级区域变质作用形成。④角闪片岩。主要由角闪石和部分石英组成，有时含少量绿帘石、斜长石、黑云母及碳酸盐类矿物。原岩为中基性火山岩或泥灰质沉积岩。主要为中低级区域变质作用的产物。⑤蓝闪石片岩。具有低温高压的矿物组合，如蓝闪石、硬柱石、文石、硬玉等，可含黑硬绿泥石、绿泥石、钠长石、石英及阳起石等矿物。原岩主要为基性火山岩及硬砂岩。⑥镁质片岩。主要由叶蛇纹石、绿泥石、滑石等片状矿物组成，可含阳起石、菱镁矿、石英等矿物。变质程度较高时，可出现透闪石、阳起石、镁铁闪石和直闪石。原岩为超基性岩及部分极富镁的碳酸盐岩。常为区域变质作用的产物。

片麻岩

主要由长石、石英组成，具中粗粒变晶结构和片麻状或条带状构造的变质岩。

混合片麻岩

关于片麻岩的含义及其与片岩的区分标志，各国岩石学家的看法不尽一致。英国和美国主要根据岩石的构造（片状或片麻状）来区分片岩和片麻岩；北欧一些国家主要根据长石含量来区分，长石含量高的为片麻岩，含量低的为片岩。在中国，片麻岩指矿物组成中长石和石英含量大于50%，其中长石大于25%的变质岩。

片麻岩的原岩类型和形成条件比较复杂。按原岩主要有下列类型：①富铝片麻岩。由富铝的黏土质岩石经中高级变质作用形成。主要由石英、酸性斜长石、钾长石和黑云母组成，常含夕线石、蓝晶石、石榴子石、堇青石等富铝变质矿物。当 SiO_2 不足时，可出现刚玉，富碳时可出现石墨。②斜长片麻岩。由中、基性火山岩及火山质硬砂岩经变质作用形成。主要由斜长石、石英及绿泥石、云母、角闪石等组成，可含少量辉石、石榴子石等矿物。常见类型有黑云斜长片麻岩、角闪斜长片麻岩等。③碱性长石片麻岩。由酸性火山岩及长石砂岩经变质作用形成。主要由钾长石、酸性斜长石、石英及少量黑云母角闪石等组成。④钙质片麻岩。由钙质页岩及部分中、基性火山岩和凝灰岩经变质作用形成。主要由斜长石、石英、云母、角闪石、透辉石、阳起石等矿物组成，可含方解石、白云石、方柱石、钙铝榴石等矿物。片麻岩的进一步命名，可按特征变质矿物、片柱状矿物和长石种类进行，如石榴黑云斜长片麻岩、夕线石榴钾长片麻岩等。

片麻岩（6cm×8cm，河北张家口）

片麻岩在前寒武纪结晶基底和显生宙的造山带中均有大量分布，在世界各大陆如北欧的波罗的地盾、北美洲的加拿大地盾、非洲大陆、印度半岛、澳大利亚和中国的华北陆台等地均有分布。片麻岩中常赋存大量非金属矿产，如石墨、石榴子石、夕线石等。片麻岩可做建筑石材和铺路原料。

变粒岩

以长石和石英为主、具细粒变晶结构的区域变质岩。

石榴变粒岩

其中长石含量大于25%，片、柱状矿物含量小于30%，粒度一般小于0.5毫米。片麻状构造不明显，常有微细层理或条带状构造，有时具韵律构造。粒度增大时，可过渡为片麻岩。片、柱状矿物小于10%时，称浅粒岩。变粒岩是由半黏土质岩石或中、酸性火山岩，经区域变质作用形成。变粒岩中可有石榴子石、角闪石、辉石等矿物。比较特殊的变粒岩有电气石变粒岩、不含石英的钾长变粒岩和钠长变粒岩、含钙硅酸盐矿物的变粒岩等。变粒岩在中国分布广泛，辽东半岛、山东半岛、河北东部、山西北部等地均有大量出露。其中常有重要的矿产，如硼矿、铁矿、蓝晶石矿及石墨矿等。

石英岩

主要由石英组成的变质岩。

由石英砂岩及硅质岩经变质作用形成。常为粒状变晶结构，块状构造。按石英含量可分为两类：①长石石英岩。石英含量大于75%，常含长石及云母等矿物，长石含量一般少于20%，如长石含量增多，则过渡为浅粒岩。②石英岩。石英含量大于 90%，可含少量云母、长石、磁铁矿等矿物。

石英岩的原岩可以是单矿物石英砂岩，含泥质、钙质石英砂岩，胶体沉积的硅质岩（包括陆源碎屑溶解再沉积的硅质岩和与火山喷气有关的硅质岩）和深海放射虫硅质岩等。不同原岩形成的石英岩，可根据结构、变晶粒度、副矿物、岩石共生组合及产状等加以区分。例如，由单矿物石英砂岩形成的石英岩粒度较粗，常具典型的平衡的多边形粒状变晶结构，含有较多的锆石等副矿物；由硅质岩形成的石英岩，即使受到高级变质作用，矿物粒度也很少大于 0.2 毫米，而且具有齿状交生结构，一般不含副矿物。主要用途是作冶炼有色金属的熔剂、制造酸性耐火砖（硅砖）和冶炼硅铁合金等。纯质的石英岩可制石英玻璃，熔炼水晶和提炼结晶硅；用石英岩可作玻璃原料、陶瓷原料和硅酸盐水泥的胶结材料；也可作为建筑用基石。中国北方元古宇长城系底部有大量石英岩分布。

石英岩